电子设计系列教材

电气控制与驱动

杜学文　陈德生　主编

电子工业出版社
Publishing House of Electronics Industry
北京·BEIJING

内 容 简 介

本书以机电一体化技术及相关专业所需的核心知识与技能为主要内容,通过"任务引领、项目驱动"的方式组织编写。全书共 5 个项目,每个项目包含多个任务,每个任务包括任务引入、任务目标、相关知识、任务实施、任务考核等内容。全书通过 5 个项目、18 个任务的实施与完成,使学生学习电气控制线路的识图、安装与调试,PLC 控制系统的构建、编程与调试,变频驱动(调速)系统的构建与调试,步进驱动系统的构建与调试,以及伺服驱动系统的构建与调试等工作技能,从而使学生掌握机电一体化的核心专业技术:电气控制与 PLC 控制技术及变频、步进、伺服驱动技术等。

本书可作为高等院校机电类及机电一体化技术、机械设计制造及自动化、电气工程及自动化技术等相关专业学生的教材,也可作为机电技术工程人员的参考用书。

未经许可,不得以任何方式复制或抄袭本书之部分或全部内容。
版权所有,侵权必究。

图书在版编目(CIP)数据

电气控制与驱动 / 杜学文,陈德生主编. -- 北京:电子工业出版社, 2025. 5. -- ISBN 978-7-121-50343-6

Ⅰ. TM571.2

中国国家版本馆 CIP 数据核字第 20256DW104 号

责任编辑:章海涛　　　　　　　　特约编辑:李松明
印　　　刷:河北虎彩印刷有限公司
装　　　订:河北虎彩印刷有限公司
出版发行:电子工业出版社
　　　　　北京市海淀区万寿路 173 信箱　邮编:100036
开　　本:787×1 092　1/16　印张:10.75　字数:275.2 千字
版　　次:2025 年 5 月第 1 版
印　　次:2025 年 5 月第 1 次印刷
定　　价:42.00 元

凡所购买电子工业出版社图书有缺损问题,请向购买书店调换。若书店售缺,请与本社发行部联系,联系及邮购电话:(010)88254888,88258888。
质量投诉请发邮件至 zlts@phei.com.cn,盗版侵权举报请发邮件至 dbqq@phei.com.cn。
本书咨询联系方式:menghc@phei.com.cn。

前　言

无论是对机电类产品的开发，还是对机电类专业的人才培养而言，机电一体化都是一种发展趋势。本科院校的机械电子工程、高职院校的机电一体化技术、中职院校的机电技术应用等专业均涉及到机电一体化技术。机电一体化技术就是利用自动控制技术、电力电子技术、驱动技术、传感检测技术及计算机技术等使机器的机械运动实现柔性化和智能化的技术。机电一体化技术的核心技术为自动控制技术，所以，机电一体化系统及其技术的构成可借用自动控制技术的"语言"，用图1所示的结构框图来表示。

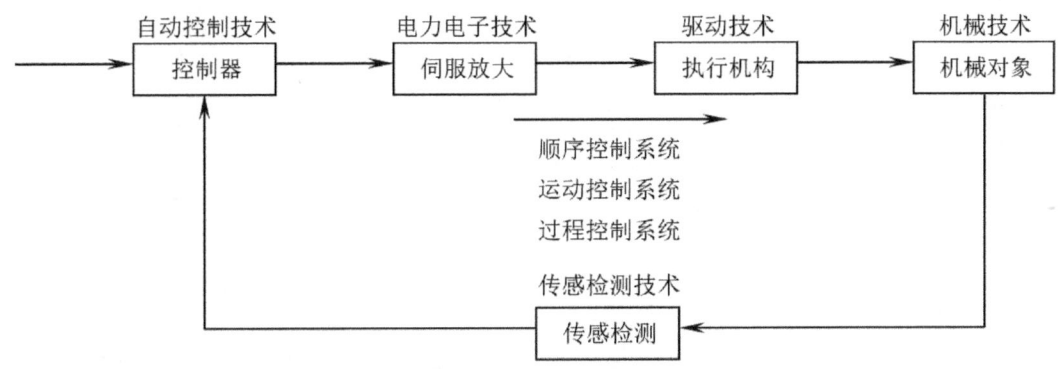

图1　机电一体化系统及技术的结构框图

由于机电一体化从业人员工作时面对的"主要对象"就是图1所示的机电一体化系统，所以，我们理当根据解决机电一体化系统问题所需专业知识、专业技能及专业素养，来构建机电一体化专业人才培养的培养方案。

机电一体化系统由控制器、伺服放大器、执行机构、机械对象和传感检测部分组成，所以机电一体化专业的人才首先必须掌握机械技术、电力电子技术、驱动技术和传感检测技术等基础技术。同时，由于机电一体化系统的控制类型有顺序控制、运动控制和过程控制等，所以机电一体化专业的人才还须懂得顺序控制、运动控制和过程控制等专业技术。

根据上述指导思想，本教材将电气控制技术（继电器－接触器控制技术及 PLC 控制技术）、变频驱动（调速）技术、步进驱动技术和伺服驱动技术等解决机电一体化系统问题所需的强电知识和技术集成为一门独立课程，并取名为电气控制与驱动技术。

基于工作过程的课程改革源于德国的汽车、数控等专业，其成果和经验随之被我国的高职、中职院校所借鉴和参考。基于工作过程重构课程知识体系，强调职业能力、方法能力和社会能力并举，采用理实一体化教学，这种课程改革理念能较好地体现职业教育的本质属性。

借鉴上述改革理念，我们编写了此本教材，并采用项目式编写体例编写。全书分 5 个项目，每个项目包含多个任务，每个任务包括任务引入、任务目标、相关知识、任务实施、任务考核力等相关内容。本书力图通过 5 个项目 18 个任务的实施与完成，使学生掌握继电器－接触器控制电路的识图、安装与调试，PLC 控制系统的构建、编程与调试，变频驱动（调速）系统的构建与调试，步进驱动系统的构建与调试以及伺服驱动系统的构建与调试等工作过程及工作技能。

本书由浙江工业大学杜学文及浙江工业大学、广州应用科技学院陈德生任主编。

本书获浙江工业大学重点建设教材项目资助，在此深表感谢。

由于编者的经验、水平和时间的限制，书中难免存在疏漏之处，敬请广大读者批评指正。

编　者

目 录

项目 1 电气控制线路的识图、安装与调试 1
    任务 1.1 认知低压电器 2
        1.1.1 低压电器的基本知识 2
        1.1.2 开关电器和熔断器 3
        1.1.3 主令电器 5
        1.1.4 执行电器 6
    任务 1.2 识读电气控制系统图 12
        1.2.1 电气原理图 12
        1.2.2 电气元件布置图 14
        1.2.3 电气安装接线图 14
        1.2.4 电气控制元器件明细表 14
    任务 1.3 分析电气控制原理图 16
        1.3.1 继电—接触控制电路图的阅读方法 17
        1.3.2 继电—接触控制基本电路 17
        1.3.3 分析 C620-1 型普通车床电气控制原理图 22
    任务 1.4 典型机床控制电路的连接与调试 25
        1.4.1 常用电工工具及量具的使用 26
        1.4.2 机床控制电路的连接 27

项目 2 PLC 控制系统的构建、编程与调试 31
    任务 2.1 认知 PLC 32
        2.1.1 PLC 的基本结构和性能指标 32
        2.1.2 PLC 的基本工作原理 34
        2.1.3 PLC 的常用编程语言 36
    任务 2.2 认知三菱 PLC 38
        2.2.1 三菱 PLC 的基本概况 38
        2.2.2 FX_{2N} 系列 PLC 系统的组成 39
        2.2.3 FX_{2N} 系列 PLC 的编程元件 41
        2.2.4 FX_{2N} 系列 PLC 的指令系统 48
        2.2.5 PLC 控制简单实例 57
    任务 2.3 PLC 控制系统的应用设计 61
        2.3.1 PLC 控制系统设计的步骤 61
        2.3.2 PLC 控制系统的程序设计 63

项目 3 变频驱动（调速）系统的构建与调试 77

任务 3.1 认识变频器 78
- 3.1.1 变频器的结构及工作原理 78
- 3.1.2 变频器的外观、铭牌及操作面板 80
- 3.1.3 变频器的拆装 81

任务 3.2 应用变频器的基本运行功能控制传送带 85
- 3.2.1 变频器控制面板的输入操作 85
- 3.2.2 控制电路外部输入端子 86
- 3.2.3 运行模式参数 Pr.79 的设定 86
- 3.2.4 各种操作模式下的基本操作步骤 89

任务 3.3 应用变频器的基本参数控制传送带 95
- 3.3.1 变更参数设定值的操作 96
- 3.3.2 参数清除、全部清除 96
- 3.3.3 变频器的基本参数功能简介 97

任务 3.4 应用变频器多段速控制传送带 101
- 3.4.1 三段速的设定 101
- 3.4.2 七段速的设定 103

项目 4 步进驱动系统的构建与调试 107

任务 4.1 利用步进驱动系统实现机械手的直线移动控制 108
- 4.1.1 步进电动机 108
- 4.1.2 步进驱动器 111
- 4.1.3 PLC 控制程序 113
- 4.1.4 步进驱动器细分数与输出电流设定 113

任务 4.2 利用步进驱动系统实现机械手的定位控制 116
- 4.2.1 步进驱动器的细分设置 116
- 4.2.2 步进驱动器的输出电流设置 117
- 4.2.3 PLSY、PLSR 指令的应用案例 117

任务 4.3 搬运机械手的应用设计 121
- 4.3.1 三菱 PLC 定位脉冲输出模块 FX_{2N}-1PG 122
- 4.3.2 定位模块 FX_{2N}-1PG 与步进驱动器的接线示范 125
- 4.3.3 搬运机械手运行程序设计举例 125

项目 5 伺服驱动系统的构建与调试 130

任务 5.1 认识交流伺服系统 131
- 5.1.1 伺服电动机 131
- 5.1.2 编码器 131
- 5.1.3 伺服驱动器 133

任务 5.2 伺服系统速度控制模式 138
- 5.2.1 伺服驱动器速度控制模式的相关接线 138
- 5.2.2 伺服驱动器速度控制模式的参数设置 139

5.2.3 速度的设定 ·· 143
　　5.2.4 速度的到达 ·· 144
任务 5.3 伺服系统转矩控制模式 ··· 146
　　5.3.1 伺服驱动器转矩控制模式时的相关接线 ··· 147
　　5.3.2 伺服驱动器转矩控制模式的参数设置 ·· 147
　　5.3.3 转矩控制 ·· 149
　　5.3.4 转矩限制 ·· 150
　　5.3.5 速度限制 ·· 151
任务 5.4 伺服系统位置控制模式 ··· 153
　　5.4.1 伺服系统位置控制模式应用案例 ·· 153
　　5.4.2 位置控制模式的标准接线 ··· 161
参考文献 ·· 163

项目 1

电气控制线路的识图、安装与调试

电气控制系统一般分为强电部分和弱电部分。强电部分是指控制系统中的主电路或由高电压、大功率电气元件组成的控制电路;弱电部分是指控制系统中以电子元器件、集成电路为主要元器件的控制部分,如数控机床的数控系统、检测单元等。本项目主要围绕电气控制系统的强电部分,包括认知电气控制设备常用的电气元器件(低压电器)、掌握电气控制系统的识图和绘制方法,以及完成典型控制设备的电气接线与调试。

任务 1.1　认知低压电器

任务引入

电气控制设备的强电控制电路中会使用到各种电气元器件，这些电气元器件又被称为低压控制电器（简称低压电器）。低压电器是电气控制电路中不可缺少的组成部分。常用的低压电器包括按钮、开关、熔断器、断路器、接触器和继电器等。

某机床电气控制柜的实物如图 1-1 所示，那么，其中各低压电器的名称是什么？每个低压电器的功能是什么？它们的工作过程是怎样的？

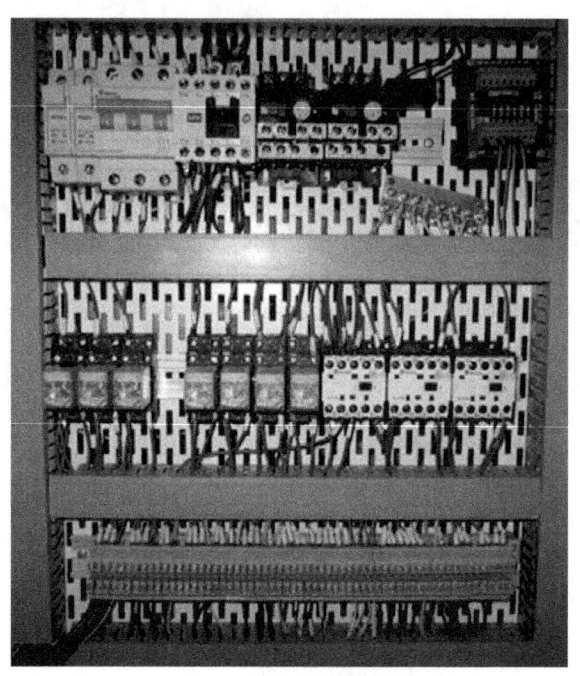

图 1-1　某机床电气控制柜实物

任务目标

（1）能够识别常用的低压电器。
（2）了解常用低压电器的功能和结构，熟记它们的图形符号和文字符号。
（3）掌握常用低压电器的工作过程。

相关知识

1.1.1　低压电器的基本知识

低压电器泛指工作电压在交流 1200 V、直流 1500 V 以下的电气设备，用来对低压电路进行通断控制、保护和调节。

低压电器通常分为如下几类。

① 开关电器：包括刀开关、转换开关和自动空气开关等。
② 主令电器：包括按钮、行程开关和接近开关等。
③ 执行电路：包括接触器和各类继电器等。
④ 保护电器：包括熔断器和漏电保护器，以及各种过载、过电压、过电流、短路等保护电器。

实际上，一些电器兼有保护功能，以便安装和使用。如刀开关一般配有熔断器，自动空气开关则兼有短路、过载和失压等保护功能。

下面介绍几种常用的低压电器。

1.1.2 开关电器和熔断器

1. 刀开关（QS）

刀开关，又称闸刀开关，是一种最常用的手动电器。刀开关通常由刀片（动触刀）、刀座（静触座）、绝缘底板、灭弧装置、操作机构及绝缘盖等组成。刀开关通过刀片与装在绝缘底板上的刀座的契合或分离，来实现电路的接通或分断。刀开关按照极数可分为单极、双极和三极，其电气符号如图1-2所示。

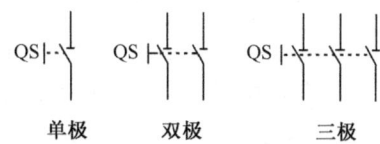

图1-2 刀开关的电气符号

刀开关用于不频繁地接通和切断电源，选用刀开关时应根据电源的负载情况确定其额定电压和额定电流。双极和三极刀开关本身均配有熔断器。用刀开关切断电流时，由于电路中电感和空气电离的作用，刀片与刀座分开时会产生电弧，特别是当切断较大电流时，电弧持续，不易熄灭。因此，为了安全起见，禁止使用无隔弧或灭弧装置的刀开关切断大电流。在继电—接触器控制系统中，刀开关一般作为隔离电源使用，而接触器则用于接通和断开负载。

2. 转换开关（SCB）

转换开关又称组合开关，是由数层动触片和静触片组装在一个绝缘盒内而构成的。动触片装在转轴上，用手柄转动转轴，使动触片与静触片接通或断开，可实现多条线路、不同连接方式的转换。用转换开关实现三相电动机启停控制的接线图如图1-3（a）所示。转换开关的电气符号如图1-3（b）所示。

转换开关中的弹簧可使动、静触片快速断开，有利于熄灭电弧。由于转换开关的触片通流能力有限，一般在交流电压380V、直流电压220V、电流100A以下的电路中作为电源开关。转换开关具有体积小、使用方便等特点，广泛用于电气控制柜和机床控制电路。

3. 熔断器（FU）

熔断器是一种最常见的短路保护器件，按其结构和用途，可以分为插入式、螺旋式、无填料密封式、有填料密封式及快速式等。熔断器的电气符号如图1-4（a）所示。

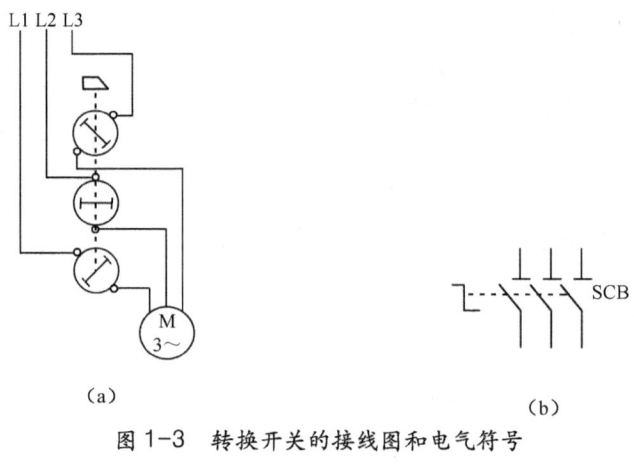

图 1-3 转换开关的接线图和电气符号

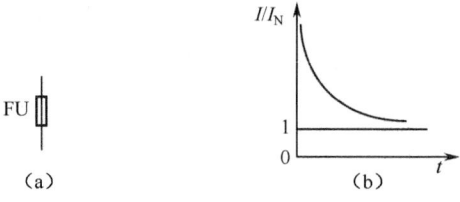

图 1-4 熔断器电气符号及熔断特性曲线

熔断器中的熔丝或熔片统称为熔体，熔体一般用电阻率较高的易熔合金制成。熔断器串接在电路中，在额定电流情况下，熔体不熔断，当发生短路或严重过载时，熔体立即熔断而切断电源，保护电路和设备不受损坏。熔体熔断具有反时间特性，通过熔体的过载电流倍数 I/I_N 越大，熔断所需时间越短。熔断器熔断特性曲线如图 1-4（b）所示。

熔断器额定电流 I_N 的选择原则：对电阻性负载（如电灯、电阻炉等），可按 $I_N \geq I_L$（负载总电流）确定；对电动机等启动电流 I_{st} 大于工作电流 I_L 的负载，熔断器额定电流 I_N 的选择需要既有短路保护作用，又保证在启动瞬间熔断器不能熔断，依实际情况确定。

例如，对不频繁启动的单台电动机，只需 $I_N \geq I_{st}/2.5$；对频繁启动或启动时间较长的电动机，则需 $I_N \geq I_{st}/1.6$ 至 $I_N \geq I_{st}/2$；若多台电动机共用一条电源线上的总熔断器，则需 $I_N \geq$（1.5～2.5）倍功率最大电动机的额定电流+其余电动机的额定电流之和。

4．自动空气开关（QF）

自动空气开关，又称自动空气断路器，用于低压交/直流配电系统，在正常供电情况下，用于不频繁接通和切断电路，一旦电路发生过载、短路或失压故障，其保护装置立即切断电路。当故障排除后，无须更换元件，即可迅速恢复供电，因此使用非常方便。

自动空气开关的工作原理如图 1-5 所示，电气符号如图 1-6 所示。当操作手柄扳到合的方向时，连杆被锁钩锁住，主触点闭合，电源接通。保护装置的过流脱扣器和失压脱扣器都是电磁铁。在正常工作时，过流脱扣器的衔铁不吸合；当发生严重过载或短路故障时，与主电路串联的线圈产生较强的电磁力将衔铁吸下，顶开锁钩，在释放弹簧的拉力作用下，主触点迅速断开，切断电路。电流保护的动作电流可根据负载情况而定，其最大值为额定电流的 10～12 倍。失压脱扣器的工作原理与过流脱扣器相反，正常电压时，其衔铁吸合，电压过低或失压时，衔铁释放，主触点断开。当电源电压恢复正常时，必须重新合闸才能工作，以此实现失压保护。

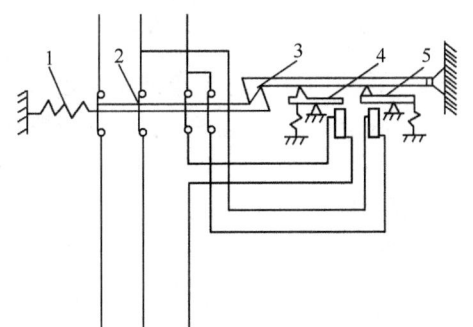

1—释放弹簧；2—主触点；3—锁钩；
4—过流脱扣器；5—失压脱扣器

图 1-5　自动空气开关工作原理

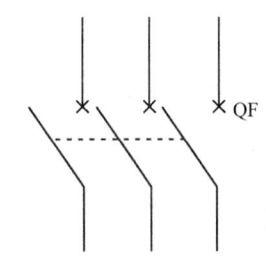

图 1-6　自动空气开关电气符号

1.1.3　主令电器

主令电器的作用是在需要接通和分断控制电路时发出操作命令。常用的主令电器有按钮、行程开关、接近开关等。

1. 按钮（SB）

按钮是一种手动主令电器。按钮内的动合（常开）触点用来接通控制电路，发出"启动"指令；按钮内的动断（常闭）触点用来分断控制电路，发出"停止"指令。最常见的按钮是复合式，包括1对动合触点和1个动断触点，如图1-7（a）所示。

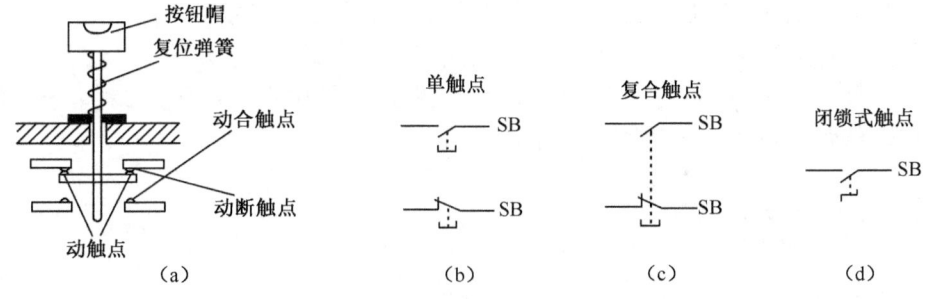

图 1-7　按钮的结构及电气符号

在图1-7（a）中，用手按压按钮帽时，动触点下移，使动断触点断开，动合触点闭合；松开按钮帽时，由于复位弹簧的作用，动触点复位，动断触点和动合触点恢复原来的状态。图1-7（b）、（c）为一般按钮的电气符号。

还有一种手动闭锁式按钮，内部带有自锁机关，将其按钮按下时，自锁机关会将其动合触点锁住，保持闭合状态，只有再次按动其按钮时，自锁机关释放，动合触点才打开。这种闭锁式按钮常用作电子仪器和家用电器的电源开关，其电气符号如图1-7（d）所示。

项目1　电气控制线路的识图、安装与调试

2. 行程开关（SQ）

行程开关，也称为位置开关，是反映生产机械运动部件运行位置的主令电器。行程开关广泛用于起重机、机床、生产线等设备的行程控制、限位控制和程序控制中的位置检测。行程开关主要分为机械式和电子式两大类。

机械式行程开关有直动式、滚轮式和微动式等。

直动式行程开关的结构及电气符号如图 1-8 所示。当运动部件压下触杆时，行程开关动作；当运动部件离开触杆时，行程开关恢复常态。行程开关根据不同状态发出不同的指令。例如，自动生产线常常事先编排好加工程序，当被加工部件传送到一定工位时，就会触碰到相应的行程开关，自动进入对应的加工工序。

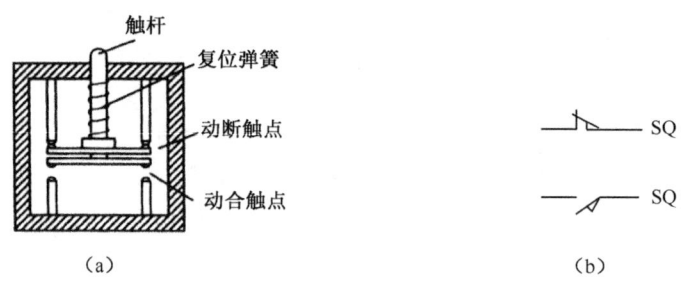

图 1-8 直动式行程开关结构及电气符号

微动开关也是一种常用的机械式行程开关，其特点为体积小、推杆行程短。当推杆下压到一定位置时，动触点突然跳动，瞬间断开动断触点，接通动合触点，具有工作灵敏、准确度高的特点。

3. 接近开关（SQ）

接近开关可作为位置检测开关，采用对某种物理量敏感的半导体传感器，配合放大电路、开关电路而构成，具有工作可靠、精度高、动作快，无电弧（无触点）、寿命长等优点。工作时，当运动部件到达预定工位，靠近接近开关的传感器时，传感器的参数值会发生变化，使电子开关电路导通或关断，输出相应的切换命令，进入相应的操作程序。

接近开关的种类很多，常见的有光电式、电磁式、电容式等。接近开关广泛用于机床限位、检测、计数、测速、测液位及自动保护等方面。电容式接近开关还适用于多种非金属材料，如橡胶、塑料、纸张、液体、木材及人体检测等。

1.1.4 执行电器

1. 接触器（KM）

接触器是利用电磁力来接通和分断主电路的执行电器，常用于电动机、电炉等负载的自动控制。接触器的工作频率可达每小时几百至上千次，同时可方便地实现远距离控制。

常用的三相交流接触器的结构及电气符号如图 1-9 所示，由电磁机构、触点系统和灭弧装置组成。电磁机构包括吸引线圈、静铁心和动铁心。其中，动铁心与动触点相连，当吸引线圈两端施加额定电压时，产生电磁力，将动铁心吸下，动铁心带动动触点一起下移，使动合触点闭合而接通电路，动断触点断开而切断电路；当吸引线圈断电时，失去电磁力，动铁心在复位

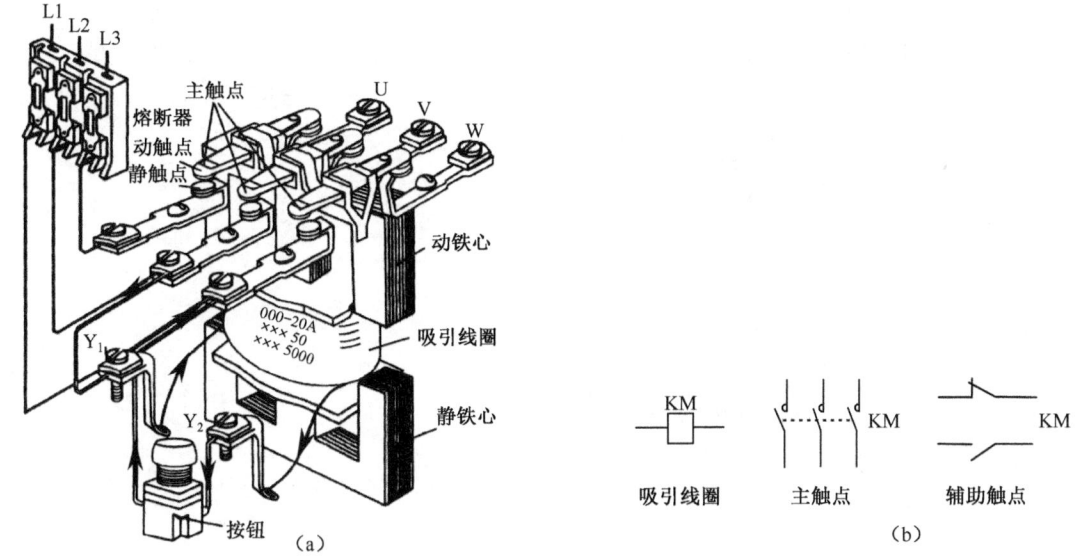

图 1-9 三相交流接触器结构及电气符号

弹簧的作用下复位,触点系统恢复常态。三相交流接触器的触点系统中有三对主触点和若干对辅助触点,主触点可以通过较大电流,并设有隔弧和灭弧装置。主触点用于主电路,以控制三相负载,辅助触点用于电流较小的控制电路。

目前,常用国产交流接触器有 CJ10、CJ20 系列和德国 BBC 公司的系列产品。在选用接触器时应注意,接触器的额定电流是指主触点的额定电流,如 CJ10-100 交流接触器的额定电流为 100A;要根据控制电路的工作电压选择吸引线圈的额定电压,常用的交流额定电压有 36V、220V 和 380V。产品说明书还提供了辅助(动合、动断)触点的数量和额定电流。辅助触点的额定电流一般为 5~10A。

2.继电器

继电器是广泛用于自动控制系统和保护系统中的自动电器。其输入控制量可以是电压、电流等电量,也可以是温度、压力等非电量。继电器种类繁多,常用的有如下三大类。

1)电磁式控制继电器(KA)

电磁式控制继电器的基本结构、工作原理和接触器相似,只是它的触点电流容量较小,一般为 5A 或 10A,没有灭弧装置。电磁式控制继电器的结构及电气符号如图 1-10 所示。

电磁式控制继电器种类很多,电压继电器可作为电动机失压、欠压保护装置;电流继电器可作为过载或短路保护装置;中间继电器的触点数目较多,触点的电流容量相对较大,可用于放大信号和增加控制回路数。

2)时间继电器(KT)

时间继电器是反映时间的自动控制电器,有电磁式和电子式两类。前者是在电磁式控制继电器上加装空气阻尼(气囊)或机械阻尼(钟表机械),后者是利用电子延时电路实现延时动作。时间继电器的特点是从接收信号到触点动作有一定延时,延时长短可根据需要预先设定。

空气阻尼时间继电器可分为通电延时型和断电延时型两类,如图 1-11 所示。通电延时型是指当接收输入信号后,延时一定时间,输出信号才发生变化;当输入信号消失后,输出瞬时复原。断电延时型是指当接收输入信号后,瞬时产生相应的输出信号;当输入信号消失后,延迟一定时间,输出信号才复原。时间继电器的电气符号如图 1-12 所示。

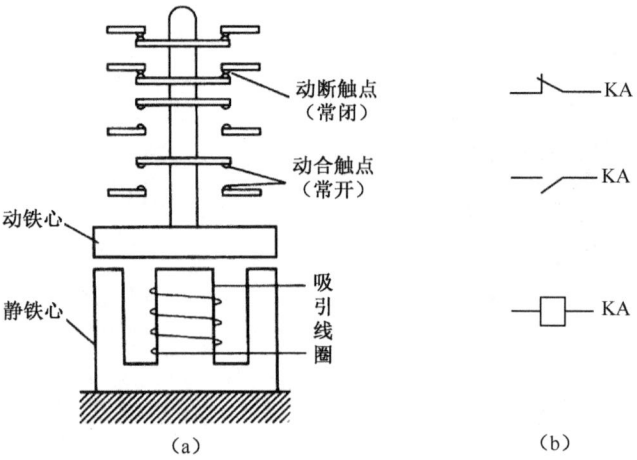

图 1-10 电磁式控制继电器的结构示意及电气符号

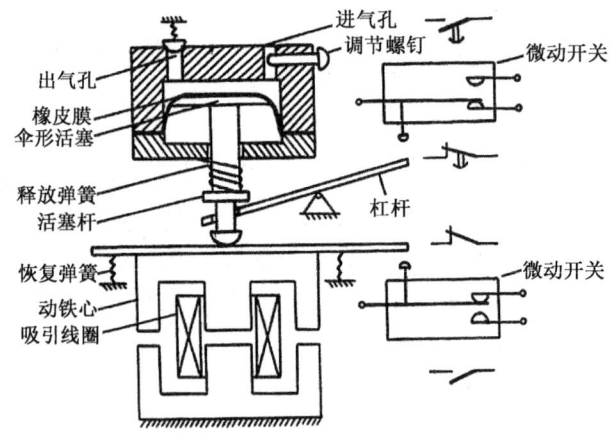

（a）通电延时型

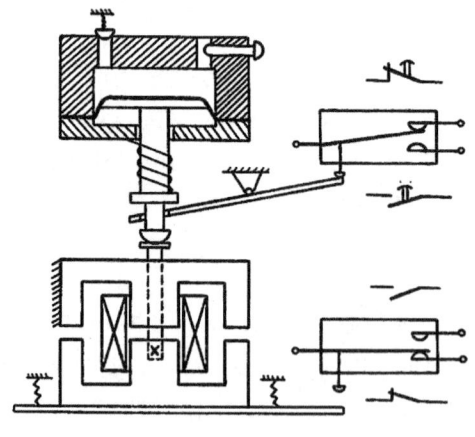

（b）断电延时型

图 1-11 空气阻尼时间继电器

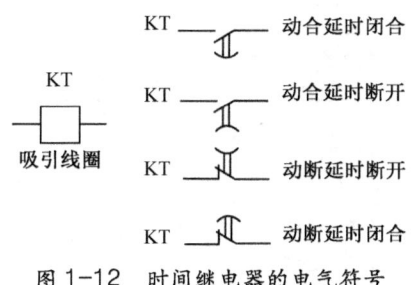

图 1-12 时间继电器的电气符号

3）热继电器（FR）

热继电器是以感受元件受热而动作的继电器，常用于电动机的过载保护，如图1-13所示。

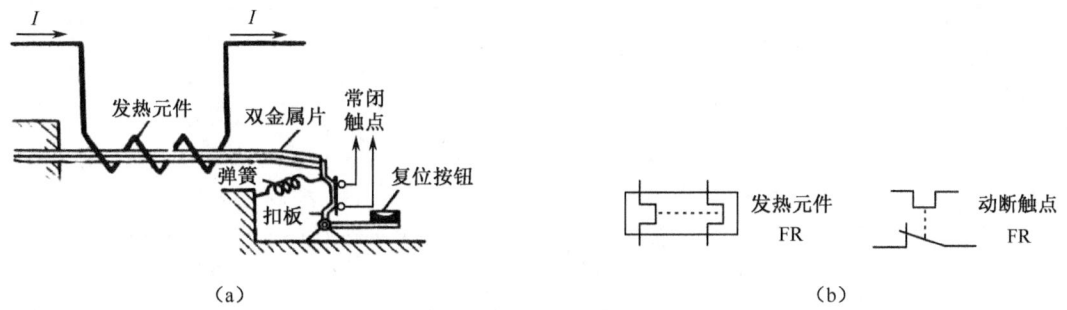

图 1-13 热继电器内部结构及电气符号

热继电器主要由发热元件、动断（常闭）触点、动作机构组成。其发热元件是一段阻值不大的电阻丝绕在双金属片上。双金属片由两种热膨胀系数不同的金属片轧制而成，一端为固定端，另一端为自由端。双金属片受热弯曲，扣板失去靠山，在拉簧作用下向左转动，动断（常闭）触点断开；双金属片冷却后，恢复常态。若动断（常闭）触点不能自动复原，则需按下复位按钮，使其复原。

热继电器的发热元件串接在电动机的主电路中，动断（常闭）触点串联在电动机的控制电路中。正常情况下，双金属片变形不大，但当电动机过载到一定程度时，热继电器将在规定时间内动作，切断电动机的供电电路，使电动机断电停车，起到保护作用。

应当指出，热继电器具有热惯性，不能作为短路保护，只能作为过载保护。这种特性符合电动机等负载的需要，可避免电动机在短时间内过流造成不必要的停车。

目前常用的热继电器为三相式（三个发热元件），并兼有断相保护功能。将交流接触器和热继电器组装在一起，用来直接启动三相笼型电动机的成套电器称为磁力启动器。

常用低压电器的功能及电气符号如表 1-1 所示。

表 1-1 常用低压电器的功能及电气符号

序号	低压电器实物	低压电器名称	低压电器功能	图形符号	图形符号名称	文字符号
1		刀开关	用于隔离电源，以及不频繁地接通或断开小容量负载的开关		三极刀开关	QS
2		转换开关	可实现多条线路、不同连接方式的转换		转换开关	SCB

续表

序号	低压电器实物	低压电器名称	低压电器功能	图形符号	图形符号名称	文字符号
3		熔断器	用于电路的短路或过流保护		熔断器	FU
4		自动空气开关	用于电路短路、过载和欠压保护,以及不频繁接通和分断电路的开关		自动空气开关	QF
5		按钮	用于发布手动控制命令		常开触点	SB
					常闭触点	
					复合触点	
6		行程开关	利用生产机械运动部件的碰撞,自动接通或分断控制电路		常开触点	SQ
					常闭触点	
7		接触器	用于远距离频繁接通或分断控制电路		线圈	KM
					主触点	
					辅助触点	
8		热继电器	用于保护电动机免于长期处在过载状态及作为三相电动机的断相保护		发热元件	FR
					常开触点	
					常闭触点	
9		电磁式控制继电器	用于扩大触点数量或传递中间信号		线圈	KA
					常开触点	
					常闭触点	
10		空气阻尼式时间继电器	使输入信号和输出信号之间产生时间差(延时)		通电延时闭合常开触点	KT
					通电延时断开常闭触点	
					断电延时断开触点	
					断电延时闭合触点	

续表

序号	低压电器实物	低压电器名称	低压电器功能	图形符号	图形符号名称	文字符号
11		电动机	控制对象,将电能转化为机械能,从而驱动机械生产	M 1~	单相交流电动机	M
				M 3~	三相交流电动机	
				M —	直流电动机	
12		电磁阀	用于控制流体的流向		电磁阀	YV

任务实施

根据图 1-14 所示的某机床电气控制柜实物图,在表 1-2 中填写 6 个标号的低压电器元器件名称和电气符号,并简述各元器件的功能和工作过程。

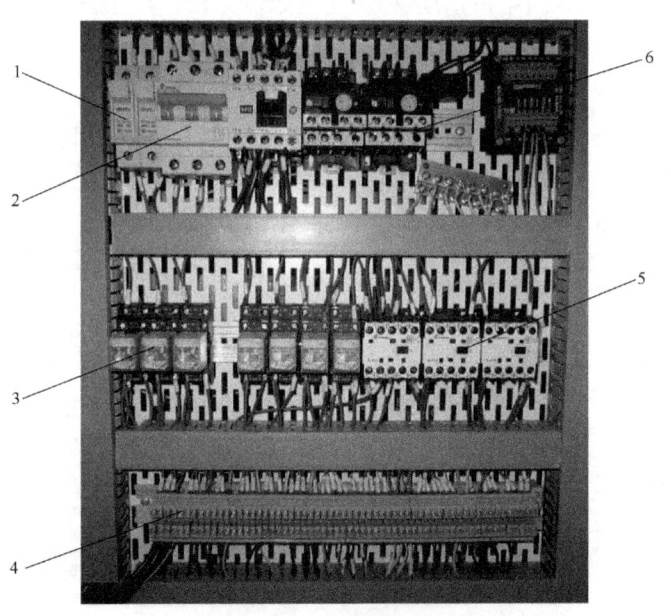

图 1-14 某机床电气控制柜实物图

表 1-2 低压电器的电气功能与符号

标号	低压电器元器件名称	图形符号	文字符号	功能和工作过程
1				
2				
3				
4				
5				
6				

按表 1-3 所示的工作计划表进行。

表 1-3 工作计划表

步骤	工作内容	实施时间（小时）	完成情况
1	识别机床常用电气元器件，填写电气元器件名称		
2	绘制机床常用电气元器件的电气符号		
3	简述机床常用电气元器件的功能和工作过程		

任务 1.2 识读电气控制系统图

任务引入

电气控制系统是由许多电气元器件按一定的要求连接而成。为了便于进行对电气控制系统的设计、分析、安装、调试、使用和维修，需要将电气控制系统中的各电气元器件及其连接方式用一定的图形表示出来，即电气控制系统图。电气控制系统图用不同的图形符号来表示各种电气元器件，用不同的文字符号说明图形符号所代表电气元器件的名称、用途、主要特征及编号等。各种电气控制系统图有其不同的用途和规定的绘制方法，应根据国家标准进行规范绘制。

任务目标

（1）理解电气原理图、电气元件布置图和电气安装接线图的绘制规则。
（2）掌握电气控制系统图的识图步骤。
（3）对照电气控制系统图，能够列出电气元器件明细表。

相关知识

电气控制系统图常见的有电气原理图、电气元件布置图和电气安装接线图，如表 1-4 所示。

表 1-4 电气控制系统图分类

序号	电气控制系统图	主要用途
1	电气原理图	表示电气控制系统中各电气元器件的连接关系和工作原理，为安装、调试及维修提供原理性的指导
2	电气元件布置图	表示电气控制系统中各电气元器件在电气控制设备中的实际位置，是电气控制设备安装、调试和维修时的必要资料，通常与电气安装接线图组合在一起使用
3	电气安装接线图	用于电气元器件的安装接线、电路检查、维修和故障处理，通常结合电气原理图和电气元件布置图一起使用

1.2.1 电气原理图

电气原理图是根据工作原理绘制而成的，具有结构简单、层次分明、便于研究和分析电路的工作原理等优点。在各种生产机械的电气控制系统中，无论在设计部门或生产现场，均获得了广泛的应用，是必不可少的一种电气控制系统图。

电气原理图表示的是电气控制的工作原理及各电气元器件的作用与相互关系，而不考虑各电气元器件的实际安装位置和实际走线情况。其绘制的常用规则如下。

① 电气元器件的图形符号、文字符号及标号的绘制必须遵循国家标准。

② 电气原理图一般分为主电路和辅助电路两部分。主电路是设备的驱动电路,包括从电源到电动机之间连接的所有电气元器件,其特征是流过的电流较大。主电路在控制电路的控制下工作。辅助电路是除主电路以外的其他电路,其特征是流过的电流较小。辅助电路包括控制电路、照明电路、信号电路和保护电路,最主要的是控制电路。在控制电路中,由接触器及继电器线圈、各种电气元器件的动合触点和动断触点组合构成控制逻辑,通过通电方式实现逻辑运算,即实现控制功能。主电路和辅助电路应分别绘出,可绘制在同一张纸上,也可以绘制在不同纸上。

③ 电气原理图中的电路既可水平布置,又可垂直布置。水平布置时,电源线垂直绘制,其他电路水平绘制,主电路用粗实线绘制在图面的上方,辅助电路用细实线绘制在图面的下方,耗能元件绘制在电路的最右端。垂直布置时,电源线水平绘制,其他电路垂直绘制,主电路用粗实线绘制在图面的左侧,辅助电路用细实线绘制在图面的右侧,耗能元件绘制在电路的最下端。

④ 同一电气元器件的各部件可以根据需要绘制在不同的地方,但需要在图形符号附近使用统一的文字符号。若有多个同类电气元器件,可以在文字后加上数字序号作为下标,以示区别,如两个接触器可以分别用 KM_1、KM_2 加以区别。

⑤ 所有电气元器件的触点均以自然状态绘制。所谓自然状态,是指各种电气元器件在没有通电且没有受到外力作用时的状态。

⑥ 三相交流电源引入线采用 L_1、L_2、L_3 标记,中性线用 N 标记,电源开关之后的三相交流电源电路用 U、V、W 顺序标记。

⑦ 对于循环运动的机械设备,在电气原理图上应绘制出其工作循环图。

根据以上规则所绘制的 C620-1 型普通车床电气原理图如图 1-15 所示。

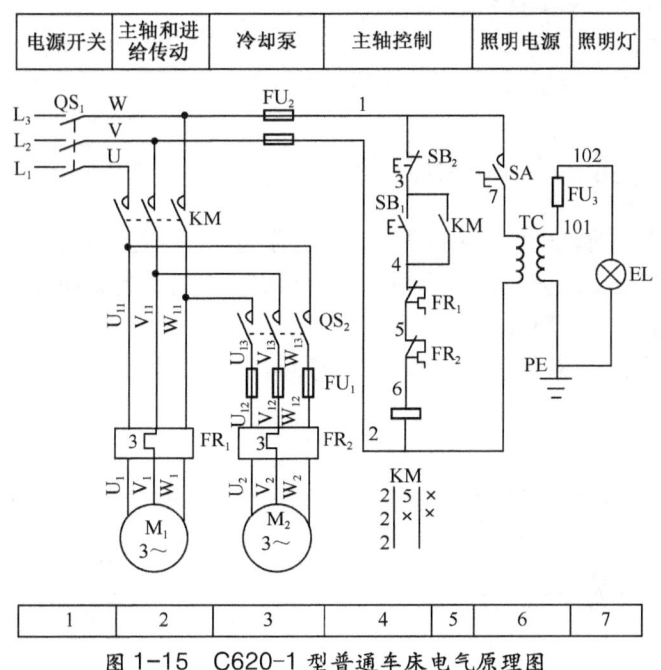

图 1-15　C620-1 型普通车床电气原理图

项目 1　电气控制线路的识图、安装与调试

1.2.2 电气元件布置图

电气元件布置图(又称电气安装图)主要用来标注电气设备上所有电机、电气元件的实际位置,是机械电气控制设备制造、安装和维修中必不可少的技术文件。

绘制电气元件布置图时,机械设备轮廓用点画线绘制,所有可见的和需要表达清楚的电气元件及设备用粗实线绘制出简单的外形轮廓,电气元件及设备的代号必须与其在电气原理图上的代号一致。

C620-1 型普通车床控制盘的电气元件布置图如图 1-16 所示。

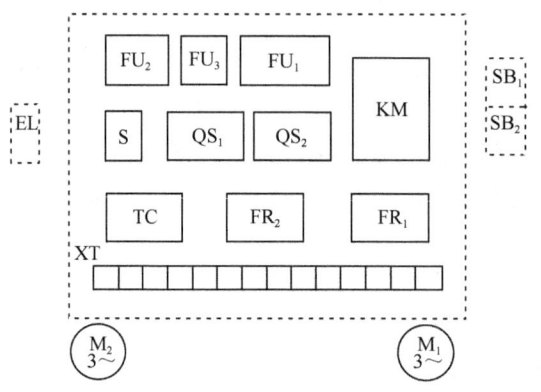

图 1-16　C620-1 型普通车床控制盘的电气元件布置图

1.2.3 电气安装接线图

电气安装接线图用来表明电气设备或装置之间的接线关系,以及电气设备外部元件的相对位置和它们之间的电气连接,是实际安装布线的依据。电气安装接线图主要用于电气元件的安装接线、线路检查、线路维修和故障处理。

通常,电气安装接线图与电气原理图、电气元件布置图一起使用。

C620-1 型普通车床控制盘的电气安装接线图如图 1-17 所示。

1.2.4 电气控制元器件明细表

除了上述三种常用的电气控制系统图,电气控制说明书还包括电气控制元器件明细表。电气控制元器件明细表是将成套装置和设备中的各组成元器件(包括电动机)的名称、型号、规格、数量等列成表格,供材料准备及维修使用。

C620-1 型普通车床的电气控制元器件明细表如表 1-5 所示。

任务实施

识读图 1-18 所示的电气控制系统图,并在元器件表 1-6 中填写控制系统的元器件名称、电气符号和数量。

按表 1-7 所示的工作计划表进行。

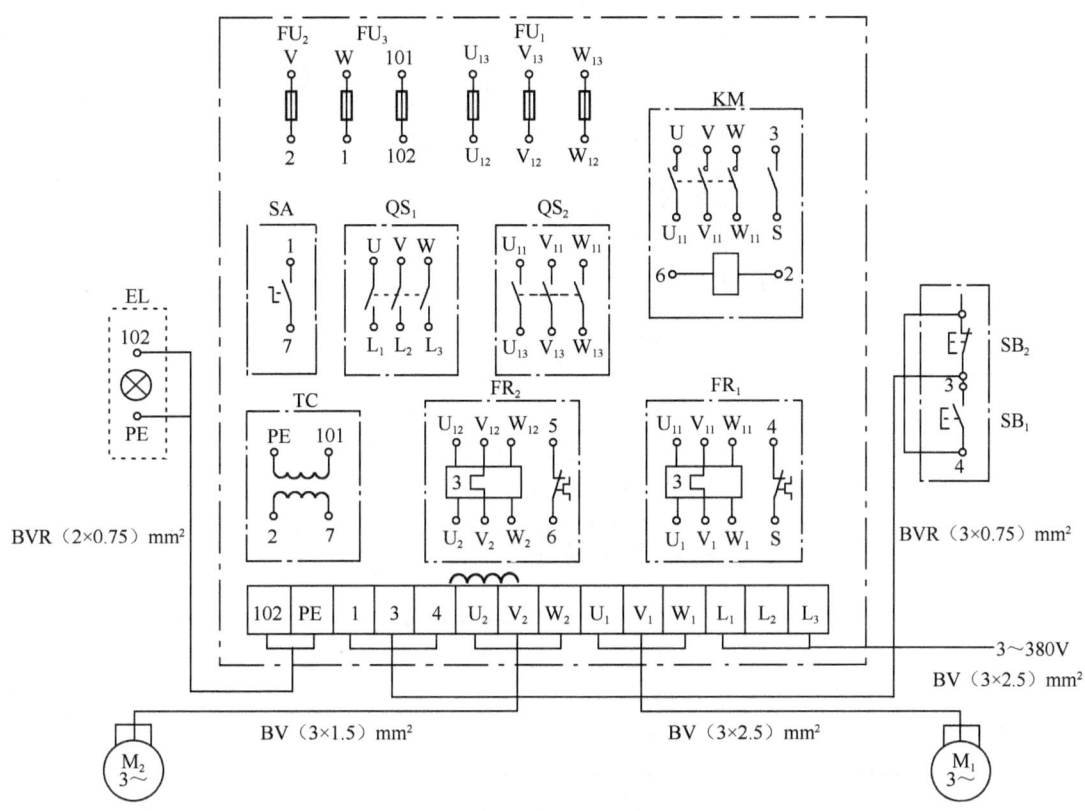

图 1-17 C620-1 型普通车床控制盘的电气安装接线图

表 1-5 C620-1 型普通车床的电气控制元器件明细表

电气符号	元器件名称	型号及规格	数量	备 注
M_1	主轴电动机	J52-4，7 kW，1400 r/min	1	
M_2	冷却泵电动机	JCB-22，0.125 kW，2790 r/min	1	
KM	交流接触器	CJ0-20，380 V	1	
FR_1	热继电器	JR16-20/3D，14.5 A	1	
FR_2	热继电器	JR2-1，0.43 A	1	
QS_1	三相转换开关	HZ2-10/3，380 V，10 A	1	
QS_2	三相转换开关	HZ2-10/2，380 V，10 A	1	
FU_1	熔断器	RM3-25，4 A	1	
FU_2	熔断器	RM3-25，4 A	1	
FU_3	熔断器	RM3-25，1 A	1	
SB_1	按钮	LA4-22K，5 A	1	
SB_2	按钮	LA4-22K，5 A	1	
TC	变压器	BK-50，380 V/36 V	1	
EL	照明灯	JC6-1，40 W，36 V	1	

项目 1 电气控制线路的识图、安装与调试

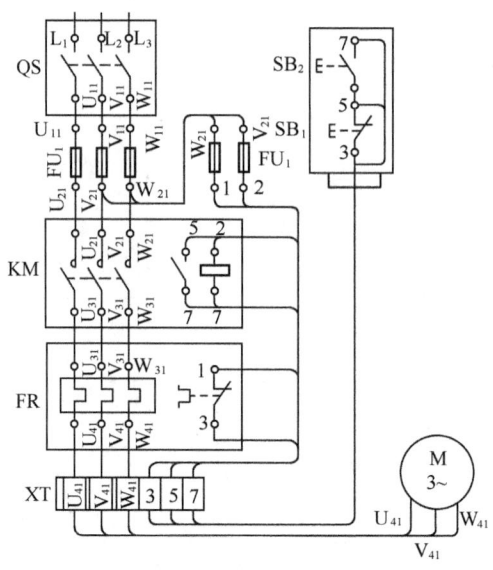

图 1-18 电气控制系统图

表 1-6 元器件表

序号	电气符号	元器件名称	数量
1			
2			
3			
4			
5			
6			
7			

表 1-7 工作计划表

步骤	工作内容	实施时间（小时）	完成情况
1	识读电气控制系统图的类型		
2	填写元器件表		

任务 1.3 分析电气控制原理图

任务引入

以数控机床为例，操作数控机床时，数控机床可以完成主轴的旋转、冷却系统的启停和自动换刀等动作。这些动作都是通过电动机的驱动来完成的，所以数控机床中强电控制系统的控制对象大部分为电动机。对电动机的运行控制主要有启动、停止、反转和调速等。那么，这些控制是如何实现的？控制原理是什么？这些控制原理又是如何表达的？

任务目标

（1）掌握电气控制中常用基本电路的控制原理。

（2）掌握分析典型机电设备电气控制原理图的方法。
（3）掌握电气控制电路的分析方法与技巧。

相关知识

1.3.1　继电—接触控制电路图的阅读方法

采用继电器、接触器和主令电器等低压电器组成有触点的控制系统，称为继电—接触器控制系统。

控制电路图是指用图形符号和文字符号表示，为完成一定控制目的而绘制的电路图。要读懂一幅控制电路图，除了具备各种电机和电器的必要知识，还应注意以下几点。

① 应了解机械设备和工艺过程，掌握生产过程对控制电路的要求。

② 应掌握控制电路构成的特点，通常一个系统的总控制电路图分为主电路和控制电路两部分。主电路的负载是电动机、照明或电加热设备等，其通过的电流较大，要采用接通和分断能力较大的电器（如接触器、自动空气开关等）来操作。此外，主电路中还需设有各种保护电器（如熔断器、热继电器的发热元件等），以保障电源和负载的运行安全。控制电路则用于实现生产工艺过程，对负载的运行情况进行控制，如启动、停止、制动、调速、反转等，一般是通过按钮、行程开关等主令电器发出指令，控制接触器吸引线圈的工作状态来完成的。控制电路必要时配合其他辅助控制电器，如中间继电器、时间继电器等。

③ 为表达清楚、识图方便，在一份总控制电路图中，同一电器的各部件经常不绘制在一起，而是分布在不同地方，甚至不在一张图上。例如一个接触器的主触点在主电路图中，而吸引线圈和辅助触点在控制电路图中，但同一电器的不同部件都用同一文字符号标明。

④ 电路图中所有电器的触点状态为常态，即处在吸引线圈不带电、按钮没按下等情况时的状态。

⑤ 一般控制电路，其各条支路的排列常依据生产工艺顺序的先后，由上至下。

1.3.2　继电—接触控制基本电路

一般的控制系统根据生产工艺要求的不同，控制电路的结构也不同（主电路则变化不大），但控制电路都是由若干基本电路和保护措施组合而成的。因此，掌握一些常用基本电路是学习继电—接触器控制系统的关键。下面介绍几个电动机控制的基本电路。

1. 三相异步电动机的点动控制电路

点动控制常用于吊车、机床立柱、横梁的位置移位及刀架、刀具的调整等。三相异步电动机点动控制电路如图1-19所示。左侧为主电路，右侧点划线框内为控制电路。主电路由刀开关（QS）、熔断器（FU）、接触器（KM）的主触点和电动机构成；控制电路由按钮（SB）和接触器（KM）的线圈串联构成。

工作时，首先闭合刀开关QS，这时电动机不会运转。当按下按钮SB时，接触器KM的线圈通电产生电磁力，接触器KM的三个动合主触点吸合，使电动机与三相电源接通，启动运转。松开按钮SB，接触器KM的线圈断电失磁，主触点断开恢复常态，电动机断电停止运转。这样就实现了电动机的点动控制。熔断器FU的作用是电源短路保护。

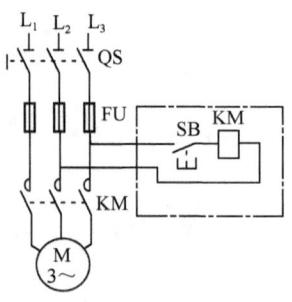

图 1-19 三相异步电动机点动控制电路

2．三相异步电动机的直接启停控制电路

三相异步电动机的直接启停控制电路如图 1-20 所示。与图 1-19 的三相异步电动机点动控制电路相比较，该电路增加了接触器 KM 的一个动合（常开）辅助触点 KM、停车按钮 SB_1 和热继电器 FR。其特点是接触器 KM 的动合（常开）辅助触点与启动按钮 SB_2 并联。热继电器 FR 的发热元件接在主电路中，以反映负载电流，它的动断（常闭）触点 FR 与接触器 KM 的吸引线圈串联在控制电路中，以控制接触器 KM 的工作。

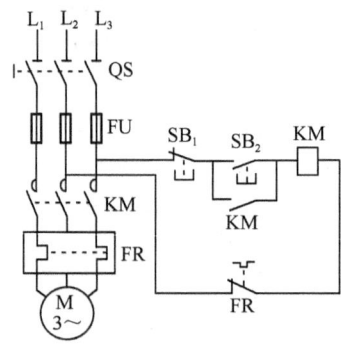

图 1-20 三相异步电动机的直接启停控制电路

工作时，首先闭合刀开关 QS，按下启动按钮 SB_2，接触器 KM 吸合，其三个主触点闭合使电动机启动，同时其辅助触点也闭合，短路启动按钮 SB_2。当松开启动按钮 SB_2 后，接触器仍能通过自己的辅助触点保持自供电。这种环节称为"自锁"环节。

当需要停车时，按下停车按钮 SB_1，切断控制回路，使接触器 KM 的吸引线圈断电，KM 的主触点返回断开状态，电动机断电停车。

电动机过载或断相时，主电路电流增大，当电流增大到热继电器的整定值（动作电流值）时，热继电器动作，它的动断（常闭）触点 FR 切断控制电路，接触器线圈断电，主触点断开主电路，电动机停车，得到保护。

该电路还具有失压保护。电动机在运转时，若电源电压降低或突然停电，会使接触器 KM 失去应有的电磁力而返回常态，切断主电路和控制电路，电动机停车。当电源恢复正常时，由于启动按钮和接触器辅助触点均处于断开状态，电动机不会自行启动，保证了设备和人身安全。

3．三相异步电动机的正、反转控制电路

生产中经常需要改变电动机的旋转方向。欲改变三相异步电动机的转向，只需将电动机与电源相连的三根电源线中的任意两根对调，即通过改变电动机的三相电流相序即可实现。

三相笼型异步电动机正转、反转启停控制主电路如图 1-21 所示，用了两个接触器，其中接触器 KM_F 用于电动机正转控制，接触器 KM_R 用于电动机反转控制。可以看出，如果两个接触器 KM_F 和 KM_R 同时工作，6 个主触点同时闭合，将造成电源短路，这是绝不允许的，必须采取措施加以防范。

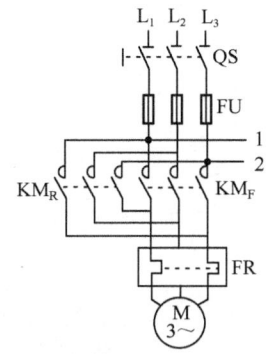

图 1-21 三相笼型异步电动机的正转、反转启停控制主电路

为此，在图 1-22（a）所示的三相笼型异步电动机的正转启停控制电路中，正转控制回路中串入反转接触器 KM_R 的一个动断辅助触点。这样当正转接触器 KM_F 动作时，它的动断辅助触点打开，将反转控制回路断开；当反转接触器 KM_R 动作时，它的动断辅助触点将正转控制回路断开。这就保证了两个接触器 KM_F 和 KM_R 不会同时动作，这种保护环节称为"互锁"环节。

如图 1-22（b）所示的三相笼型异步电动机的正转启停控制电路是在图 1-22（a）的基础上增加了复合式按钮的机械"互锁"环节。这个电路的优点是，如果使正转运行的电动机反转，不必先按停止按钮 SB，直接按下反转按钮 SB_R 即可，反之亦然。

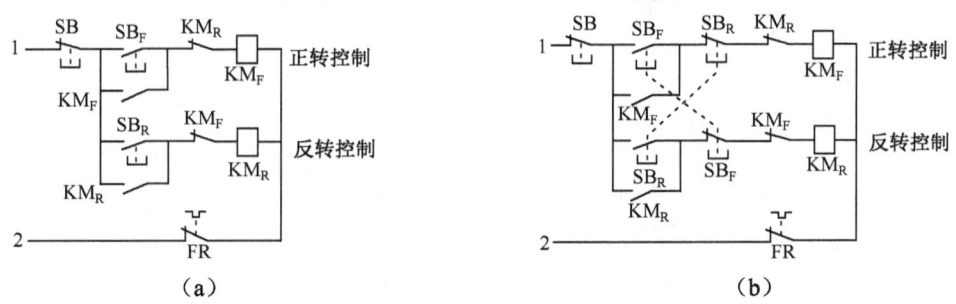

图 1-22 三相笼型异步电动机的正转、反转启停控制电路

4．多台电动机顺序启停控制

在生产中，往往需要多台电动机配合工作，根据工艺流程要求，它们的启动和停止必须遵照规定顺序执行。例如，某些大型机床必须先将油泵启动，为主轴提供循环润滑油，然后才能启动主轴电动机，实现这一要求必须采用"联锁"环节。

主轴电动机和油泵电动机联锁控制电路如图 1-23 所示，接触器 KM_1 控制油泵电动机 M_1，它的一个动合辅助触点 KM_1 串联在主轴电动机的控制电路中，起联锁作用，所以只有 KM_1 动作，油泵电动机启动，KM_1 闭合，控制主轴电动机的接触器 KM_2 才有可能启动。在油泵电动机运转的前提下，主轴电动机可以启动或停止。油泵电动机停止，主轴电动机也随之停止。

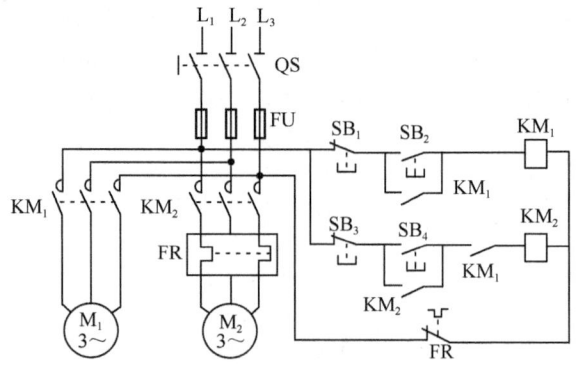

图 1-23 主轴电动机和油泵电动机联锁控制电路

5．行程控制

在生产中，行程控制的案例很多，机床工作台的往复循环运动就是一个典型的案例，包括行程控制、自动换向、往复循环和终端限位保护。行程开关与挡块的位置关系如图 1-24 所示，运动的自动往复循环控制电路如图 1-25 所示。

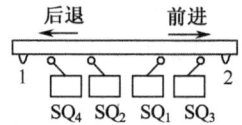

图 1-24 行程开关与挡块的位置关系

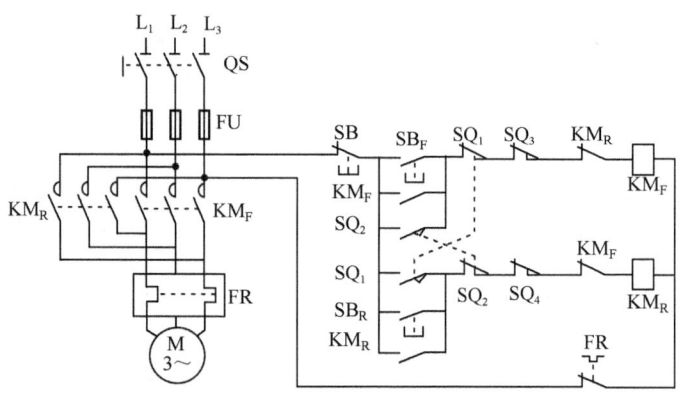

图 1-25 自动往复循环的控制电路

自动往复循环的控制电路与电动机正转、反转控制电路的工作原理相似，只是用复合式行程开关 SQ_1 和 SQ_2 代替图 1-22（b）中的复合式按钮 SB_F 和 SB_R。用电动机的正转、反转拖动工作台前进、后退往复运动。行程开关 SQ_1 和 SQ_2 分别控制工作台前进和后退的行程，行程开关 SQ_3 和 SQ_4 分别为前进和后退终点限位保护开关。

机床工作台控制电路工作原理如下。按下启动按钮 SB_F，电动机正转，工作台前进至规定位置时，挡块 1 撞压行程开关 SQ_1，它的动断触点断开，动合触点闭合，电动机反转，工作台后退。当工作台后退至规定位置时，挡块 2 撞压行程开关 SQ_2，它的动断触点断开，动合触点闭合，电动机又启动正转，如此往复，循环运动。需要停止时，按下停止按钮 SB 即可。假如 SQ_1 或 SQ_2 控制失灵，挡块撞压终端限位开关 SQ_3 或 SQ_4 切断控制电路，使电动机停止，防止工作台滑出床身。

6．时间控制

在生产中，很多加工和控制过程是以时间为依据进行的，如工件加热时间控制，电动机按时间先后顺序进行启、停控制和电动机 Y-△ 启动控制等。这类控制都是利用时间继电器来实现的。

三相异步电动机的 Y-△ 启动控制电路如图 1-26 所示，其工作原理如下。

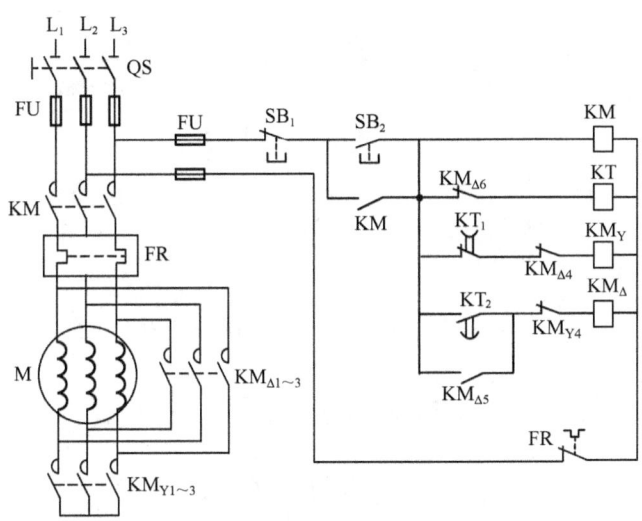

图 1-26　三相异步电动机的 Y-△ 启动控制电路

电动机启动时，按下启动按钮 SB_2，接触器 KM、KM_Y、时间继电器 KT 线圈通电，电动机定子绕组为 Y 形接法启动。经过一段时间（事先设定好），时间继电器动断延时，将断开触点 KT_1 打开；动合延时，将闭合触点 KT_2 闭合，使接触器线圈 KM_Y 断电，$KM_△$ 通电，电动机定子绕组转换为 △ 形连接运行。两个接触器的辅助触点 KM_{Y4} 和 $KM_{△4}$ 构成"互锁"环节，防止两个接触器同时通电动作造成短路。

启动完成后，电动机进入正常运转，通过辅助触点 $KM_{△6}$ 将时间继电器 KT 的线圈断电，以减少电能的消耗。

SB_1 为停机按钮。需要停机时，按下按钮 SB_1，控制电路断电，电动机停转。

7．多地点控制

多地点控制是指在两个或两个以上地点进行的控制操作。多地点控制按钮触点的连接原则是，常开触点均相互并联连接，组成"或"逻辑关系；常闭触点均相互串联连接，组成"与"逻辑关系。

多地点控制电路如图 1-27 所示。

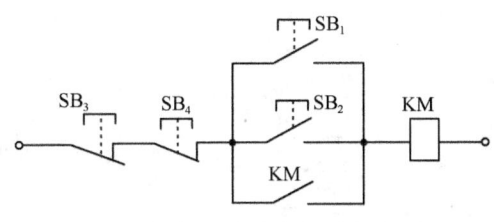

图 1-27　多地点控制电路

8．电源指示、照明电路

电源指示、照明控制电路如图 1-28 所示。其中，HL 为电源工作指示灯，EL 为工作照明灯，S 为选择开关。

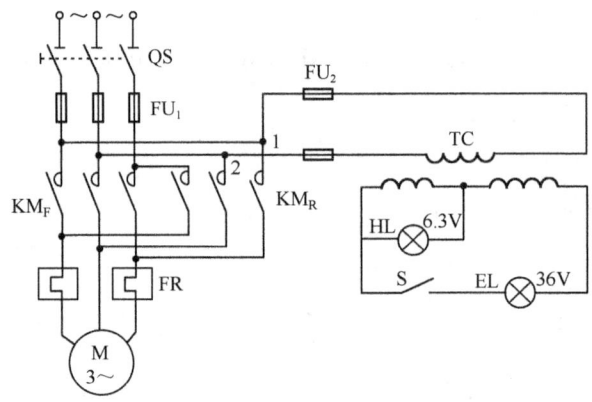

图 1-28　电源指示、照明控制电路

1.3.3　分析 C620-1 型普通车床电气控制原理图

机床设备电气控制原理图的分析方法和分析步骤如下。

（1）先机后电。分析机床设备电气控制原理图之前，应先了解该设备的基本结构、运动情况和操作方法等。有液压或气动控制的机床设备，还需了解液压或气压的传动方式，进而熟悉该设备对电气控制的要求。

（2）先主后辅。先分析主电路，了解该设备由几台电动机驱动，每台电动机的作用是什么，分别需要怎样的控制要求；再分析每台电动机的控制电路、照明电路等其他辅助电路。

（3）纵观全图。在单独分析每台电动机的控制环节后，需要纵观全图，弄清各局部电路之间的控制关系，如联锁控制关系。

（4）总结特点。各种机床设备的电气控制原理图虽然都是由基本控制环节组成的，但又有各自的特点。这些特点就是不同机床设备电气控制的区别所在。分析完电气控制原理图后，可以多加总结，加深对机床电气控制的理解。

下面以 C620-1 型普通车床为例进行分析。

1．先机后电

C620-1 型普通车床属于卧式车床，主要由床身、主轴箱、进给箱、溜板箱、刀架和尾座等组成，其结构如图 1-29 所示。

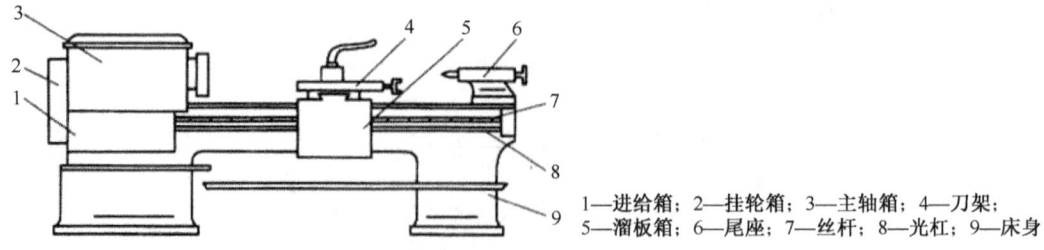

1—进给箱；2—挂轮箱；3—主轴箱；4—刀架；
5—溜板箱；6—尾座；7—丝杆；8—光杠；9—床身

图 1-29　C620-1 型普通车床结构

机床的主运动是主轴的旋转运动，进给运动是溜板箱带动刀架的纵向和横向运动。主运动和进给运动都由同一台电动机驱动，此电动机称为主轴电动机。另外，单设一台小电动机驱动冷却泵，以提供冷却液。由于两台电动机的功率都不大，因此都采用全压启动，额定电压为 380 V。除此之外，机床还需基本工作照明和电源工作指示。

2．先主后辅

C620-1 型普通车床的电气控制原理图见图 1-15，具体分析方法如下。

（1）主电路分析。电气原理图的 1～3 区是主电路。闭合开关 QS_1，主电路引入三相电源，而主轴电动机 M_1 的启停由接触器 KM 的主触点控制，且主轴通过摩擦式离合器实现正、反转；冷却泵电动机 M_2 的启停由开关 QS_2 控制，且只有当主轴电动机 M_1 启动后方能启动。

（2）控制电路分析。电气原理图的 4～5 区是控制电路。闭合开关 QS_1，控制电路引入单相电，按下按钮 SB_1，接触器 KM 线圈得电并自锁，接触器 KM 的主触点闭合，主轴电动机 M_1 启动；按下按钮 SB_2，接触器 KM 的线圈失电，接触器 KM 的主触点断开，主轴电动机 M_1 停止。

当主轴电动机 M_1 启动后，合上开关 QS_2，冷却泵电动机 M_2 直接启动；当主轴电动机 M_1 停止后，冷却泵电动机 M_2 也随即停止。

（3）照明电路分析。电气原理图的 6～7 区是照明电路。闭合开关 SA，变压器 TC 将单相交流电压 380 V 变压为 24 V 安全电压，照明灯 EL 点亮。照明电路必须接地以保证人身安全。

3．纵观全图

（1）分析保护电路。电路中，熔断器 FU_1 对冷却泵电动机提供短路保护，熔断器 FU_2 对控制电路提供短路保护，熔断器 FU_3 为照明电路提供短路保护；热继电器 FR_1、FR_2 分别对电动机 M_1、M_2 提供过载保护；接触器 KM 实现对电动机 M_1、M_2 的欠压和失电保护。

（2）分析联锁关系。主轴电动机 M_1 启动后，方能启动冷却泵电动机 M_2；主轴电动机 M_1 停止后，冷却泵电动机 M_2 随即停止。

4．总结特点

根据电气控制原理图，总结 C620-1 型普通车床的特点。

任务实施

在分析上述 C620-1 型普通车床电气控制原理图的基础上，自行分析图 1-30 所示的 C650 型车床电气原理图。

按照表 1-8 所示的工作计划表进行。

表 1-8　工作计划表

步骤	工作内容	实施时间（小时）	完成情况
1	了解 C650 型车床的结构及运动方式		
2	分析 C650 型车床的主电路		
3	分析 C650 型车床的各控制电路		
4	分析 C650 型车床的照明电路		
5	综合分析 C650 型车床的电气电路		

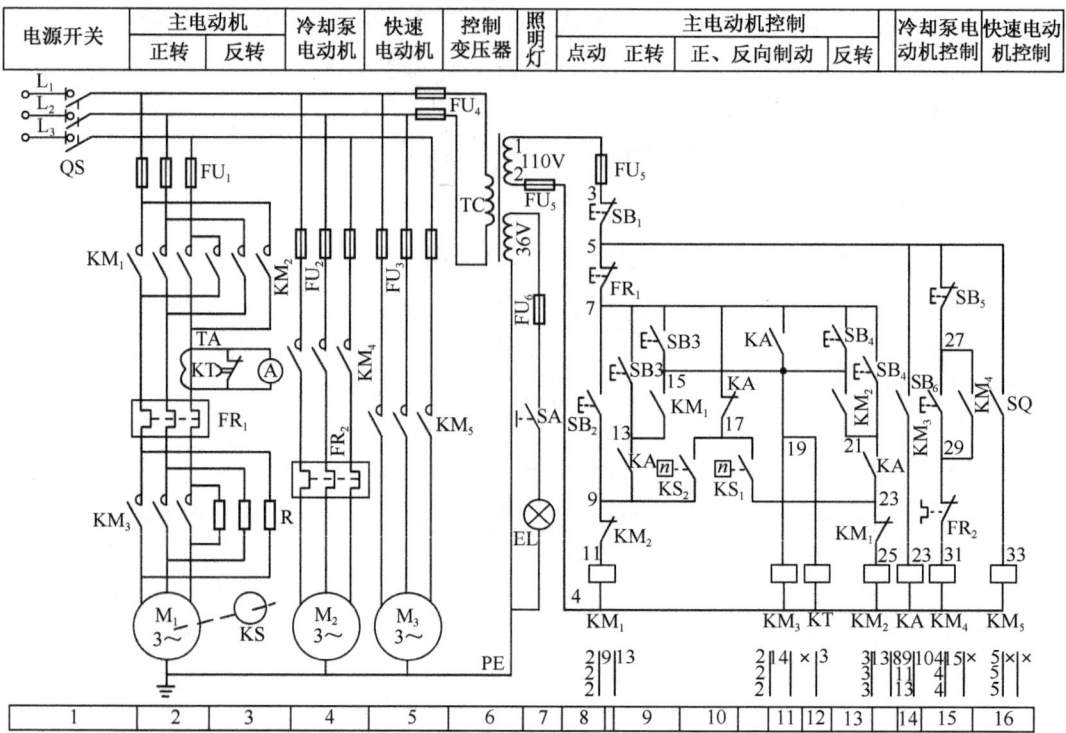

图 1-30　C650 型车床电气原理图

（1）简述 C650 型车床的结构及运动方式。

（2）C650 型车床的主电路分析。

（3）C650 型车床的各控制电路分析。

（4）C650型车床的照明电路分析。

（5）C650型车床的电气电路综合分析。

任务考核

任务1.3的考核评价表如表1-9所示。

表1-9 考核评价表

任务名称	考核内容	考核要求	分值	考核标准	学生自评	教师评分	备注
分析机床控制电路	车床的结构及运动方式分析	分析正确	10分	1. 车床结构简述正确，得5分 2. 车床的运动方式分析正确，得5分			
	主电路分析	分析正确	20分	1. 主电动机主电路分析正确，得10分 2. 冷却泵电动机主电路分析正确，得5分 3. 快速电动机主电路分析正确，得5分			
	主电动机控制电路分析	分析正确	40分	1. 点动电路分析正确，得10分 2. 正转启动和制动过程分析正确，得15分 3. 反转启动和制动过程分析正确，得15分			
	冷却泵和快速电动机控制电路分析	分析正确	20分	1. 冷却泵电动机电路分析正确，得10分 2. 快速电动机电路分析正确，得10分			
	照明电路及综合分析	分析正确	10分	1. 照明电路分析正确，得5分 2. 综合分析正确，得5分			
任务1.3考核总得分							

任务1.4 典型机床控制电路的连接与调试

任务引入

在工程中，完成电气控制系统工程图（电气原理图、电气元件布置图和电气安装接线图）的设计后，就进入电气控制系统的施工阶段，即进入电气控制柜的制作阶段。电气控制柜的制作主要包含电气元器件的安装、电气控制电路的连接（接线）及电气控制系统的调试三大工作流程。下面以实际技术工人的角色来完成电气控制柜的制作，体验这三大工作流程。

任务目标

（1）能够正确使用常用的电工工具和测量工具。
（2）掌握机床控制电路的元器件安装及电路连接的方法。
（3）能够调试和维修机床控制电路。

相关知识

1.4.1 常用电工工具及量具的使用

1．常用电工接线工具

常用电工接线工具有钢丝钳、尖嘴钳、剥线钳、压线钳和螺钉旋具等，如表 1-10 所示。利用这些工具可以较方便地对导线实施断线、剥线、整形与连接。正确使用这些工具是有效进行电气电路连接的基础。

表 1-10　常用电工接线工具

序号	工具实物图	工具名称	工具简介
1		钢丝钳	功能较多，可用钳口或齿口弯、铰电线；用侧口剪断钢丝；用钳口或齿口紧固或旋动螺母
2		尖嘴钳	主要用来剪切线径较细的单股与多股线，以及给单股导线接头弯圈、剥塑料绝缘层等，能在较狭小的工作空间操作
3		剥线钳	用于剥除电线头部的表面绝缘层。使用时，左手握线，右手握钳，根据导线的直径选用剥线钳刀口的孔径，将导线放入切口中，右手用力压钳柄，使线的绝缘层被剥去
4		压线钳	这是一种导线连接工具，使用时将待连接的导线从压接管两端插入，再将压接管嵌入压接钳内，将钳柄拉开，两手用力将钳柄压下，利用压模使线端紧密连接
5		螺钉旋具	有扁平口和十字口两种，用于拧紧或旋松头部带一字或十字槽的螺钉。使用时，利用手腕的扭力，手掌压力不宜过大

2．万用表

图 1-31　VC890D 型数字万用表实物图

万用表是机床电气控制电路安装和调试中必不可少的测量工具，一般以测量电压、电流和电阻为主要目的。万用表按显示方式不同可分为指针式（模拟式）和数字式两种。数字式万用表是目前最常用的一种，正在逐步取代传统的指针式万用表。

VC890D 型数字万用表如图 1-31 所示。

万用表的使用方法请参考相关说明书，这里从简。

1.4.2　机床控制电路的连接

机床控制电路的连接可按如下步骤进行。
（1）补充电气原理图。
（2）绘制电气元件布置图。根据电气元器件的布置规划，绘制与电气原理图对应的电气元件布置图。
（3）绘制电气安装接线图。根据电气安装接线图的绘制规则，绘制与电气原理图、电气元件布置图一一对应的电气安装接线图。
（4）准备所需工具、量具和耗材。工具、量具指电工工具箱，内含尖嘴钳、剥线钳、压线钳、螺钉旋具和万用表等，耗材指的是若干电气元器件、段导线和编码管等，耗材的型号、规格和数量由项目实际情况确定。
（5）检查各电气元器件。
（6）安装电气元器件和接线。首先根据电气元件布置图布置各电气元器件，然后根据电气安装接线图进行接线。
（7）自查。
① 检查布线。对照电气安装接线图，检查是否存在掉线、错接情况，是否漏编码、错编码，接线是否牢固等。
② 使用检查电路。
（8）通电检查。经过上述自查后，进行通电检查。在检查过程中，切记安全操作规程，确保人身安全。

任务实施

完成三相交流电动机的正—停—反控制电路的安装和接线。
按照表1-11所示的工作计划表进行。
（1）补充电气原理图。
在如图1-32所示的电气原理图上，给各导线添加编号。
（2）绘制电气元件布置图。
根据图1-32所示的电气原理图及电气元件的布置规划，绘制如图1-33所示的电气元件布置图。

表1-11　工作计划表

步骤	工作内容	实施时间（小时）	完成情况
（1）	补充电气原理图		
（2）	绘制电气元件布置图		
（3）	绘制电气安装接线图		
（4）	准备工具、量具和耗材		
（5）	检查各电气元器件		
（6）	安装电气元器件和接线		
（7）	自查		
（8）	通电检查		

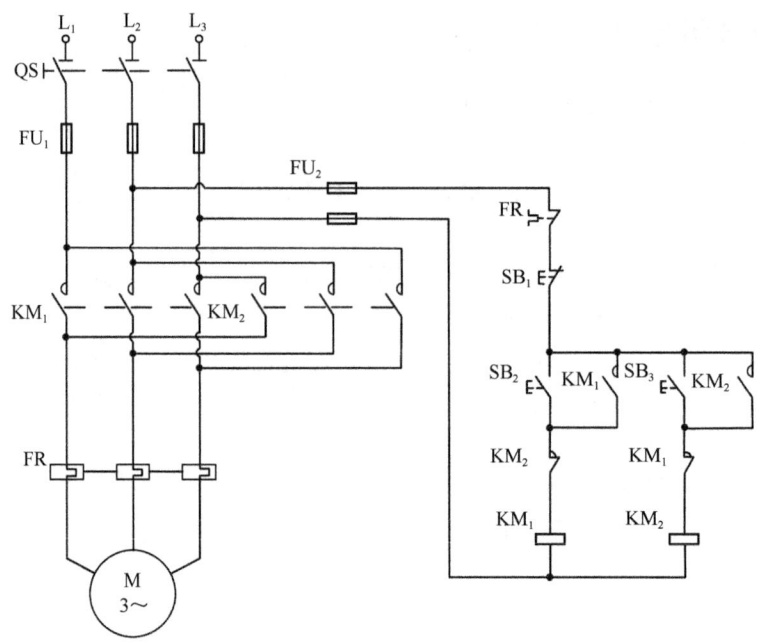

图 1-32 正-停-反控制电路电气原理待补充图

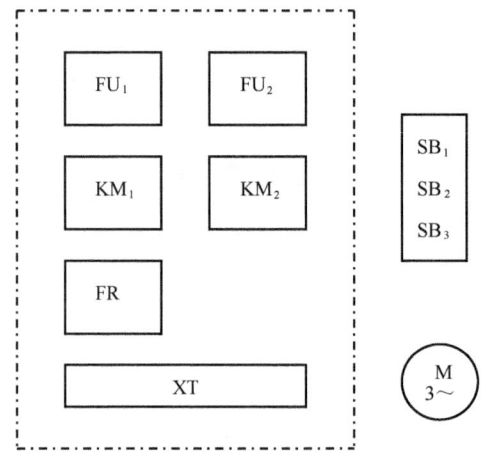

图 1-33 正—停—反控制电路电气元件布置图

（3）绘制电气安装接线图。

根据图 1-32 和图 1-33 及电气安装接线图的绘制规则，在图 1-34 中绘制电气安装接线图。

（4）准备工具、量具和耗材。

根据电气控制系统图，准备好如表 1-12 所示的工具、量具和耗材。

（5）检查各电气元器件。

根据表 1-13 电气元器件检查列表所示，检查各电气元器件，并将检查结果填写在表 1-13 中。

（6）安装电气元器件和接线。

首先，根据图 1-33 所示的电气元件布置图，进行各电气元器件的布置。

然后，根据图 1-34 所示的电气安装接线图，进行电气元器件的接线。

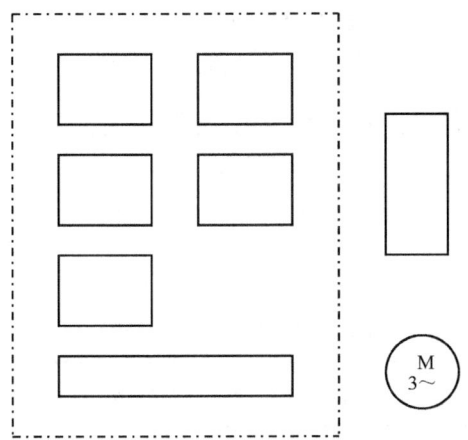

图 1-34　正—停—反控制电路电气安装接线图

表 1-12　工具、量具和耗材列表

序号	名　称	型号及规格	数量	备　注
1	三相电源插头	16 A	1	
2	熔断器	RL1-15，5 A	3	
		RL1-15，2 A	2	
3	交流接触器	CJ1-10，380 V	2	
4	热继电器	JR362-0	1	
5	三相异步电动机	0.75 kW，380 V，星形接法	1	
6	按钮	LA4-3H	1	
7	接线端子	TD-1520	1	

表 1-13　电气元器件检查列表

电气元器件	检查重点	检查结果	备　注
QS	触点断合情况，操作的灵敏程度		
FU_1、FU_2	是否烧坏		
KM_1、KM_2	测线圈电阻，各触点断合情况		
FR	常闭触点是否接通		
SB_1、SB_2	断合情况		

（7）自查。

① 检查布线。对照图 1-34 所示的电气安装接线图，检查是否掉线、错接，是否漏编码、错编码，接线是否牢固等。

② 用万用表检查。根据表 1-14 万用表自查表中的内容，用万用表检查电路。

（8）通电检查。

经上述自查后，在教师的指导下，按照表 1-15 通电检查列表所示进行通电检查。切记规范操作，注意安全。

任务考核

任务 1.4 的考核评价表如表 1-16 所示。

表 1-14 万用表自查表

序号	检查内容	操作方法		正确阻值	测量阻值	备注
1	主电路	测量 XT 上 U_{11} 与 V_{11}、U_{11} 与 W_{11}、V_{11} 与 W_{11} 之间的阻值	常态时,不操作任何元件	∞		
2			压下 KM_1	均为电动机两相定子绕组的阻值之和		
3			压下 KM_2			
4	控制电路	测量 XT 上 U_{11} 与 V_{11} 之间的阻值	按下 SB_1	均为 KM_1 线圈的阻值		
5			压下 KM_1			
6			按下 SB_2	均为 KM_2 线圈的阻值		
7			压下 KM_2			

表 1-15 通电检查列表

步骤	操作内容	检查内容	正确结果	检查结果	备注
1	插上电源插头,合上断路器	电源插头、断路器	插到位、合上		已通电,注意安全
2	按下正转启动按钮 SB_2 后松开	KM_1 线圈	得电吸合		单手操作
		电动机 M	正转		
3	按下停止按钮 SB_1 后松开	KM_1 线圈	失电释放		
		电动机 M	停转		
4	按下反转启动按钮 SB_3 后松开	KM_2 线圈	得电吸合		
		电动机 M	反转		
5	按下正转启动按钮 SB_2 后松开	KM_2 线圈	继续吸合		正、反转不能切换
		电动机 M	继续反转		
6	拉下断路器,拔下电源插头	断路器、电源插头	已分断		

表 1-16 考核评价表

任务名称	考核内容	考核要求	分值	考核标准	学生自评	教师评分	备注
分析机床控制电路	电气安装接线图的绘制	正确绘制	10 分	1. 所有电气符号绘制正确,错 1 个扣 1 分 2. 所有编号编写正确,错 1 个、漏 1 个均扣 1 分			
	电气元器件的布置和安装	正确布置与安装	10 分	1. 不按图样布置电气元器件,扣 10 分 2. 电气元器件安装不牢固,每个扣 2 分 3. 电气元器件安装不整齐、不合理,每个扣 2 分			
	电气电路的接线连接	按图施工 合理布线 规范走线 正确编号 牢固美观	40 分	1. 不按图样接线,扣 40 分 2. 布线不合理、不美观,每个扣 2 分 3. 接线有松动、露铜线过长,每处扣 2 分 4. 漏编号、错编号,每处扣 2 分			
	电气电路的通电调试	步骤正确	30 分	1. 一次试车不成功,扣 10 分 2. 二次试车不成功,扣 20 分 3. 三次试车不成功,扣 30 分			
	规范操作、安全生产	安全操作	10 分	不做通电前检查、擅自通电,扣 10 分			
任务 1.4 考核总得分							

项目 2

PLC 控制系统的构建、编程与调试

可编程控制器（Programmable Logic Controller，PLC）是一种能通过编程方式实现逻辑控制、顺序控制且具有定时、计数等功能的控制器。它是一种以微处理器为核心，综合计算机与自动控制等技术发展起来的工业控制器。与继电—接触器控制系统相比，PLC 更具灵活性和可靠性；与一般的计算机控制系统（单片机、工控机）相比，PLC 更适合工业现场，更面向用户。

由于具有上述优点，PLC 自问世以来发展非常迅速，目前已广泛应用于冶金、水泥、石油、化工、电力、机械制造、汽车、造纸、纺织和环保等行业。PLC 已成为工业控制的重要工具。

在了解 PLC 的基本组成、工作原理、特点和用途的基础上，读者应重点掌握三菱 FX 系列 PLC 的指令系统、编程方法及安装调试。

任务 2.1　认知 PLC

任务引入

PLC 是微机控制技术与传统的继电—接触器控制技术相结合的产物。它克服了继电—接触器控制系统的机械触点多、接线复杂、可靠性低、通用性和灵活性差等缺点，充分利用微处理器的优点，其控制功能主要由软件完成，从而使得在改变控制方案时，只需修改用户程序，非常方便。同时，PLC 能照顾到现场电气操作维护人员的技能水平和习惯，即在程序编制方面，编程人员无须具备专门的计算机编程语言知识，PLC 采用了一套类似于继电器—接触器控制线路的梯形图作为基础的简单指令形式，使得控制程序编制形象、直观、方便易学，调试与纠错也更加方便。

因此，用户使用 PLC 时，只需要做少量的接线和简单的编程工作，就可将其灵活、方便地应用于生产实践中。

任务目标

（1）了解 PLC 的基本组成及其工作原理。
（2）了解 PLC 的主要性能指标及类型。
（3）了解 PLC 的常用编程语言。

相关知识

2.1.1　PLC 的基本结构和性能指标

PLC 是专门为工业生产过程设计的控制器，实质上是一种工业控制专用计算机系统。PLC 的基本结构如图 2-1 所示。

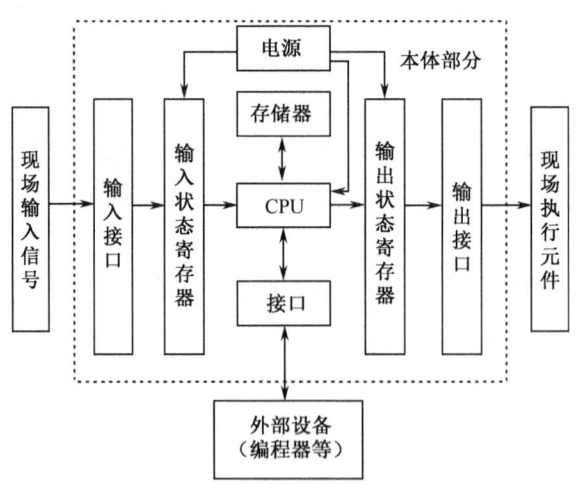

图 2-1　PLC 的基本结构

1．PLC 的基本结构

1）主机模块

PLC 的主机模块主要是一个单片微机系统，由中央处理器（CPU）、只读存储器（ROM）、随机存储器（RAM）、编程器接口及其他专用、扩展接口电路组成。

CPU 是 PLC 的核心，PLC 的运算和控制都是通过 CPU 的处理实现的。

ROM 用于存放管理系统及监控程序。这些程序由 PLC 的生产厂家在出厂前固化在 ROM 中，用户不能更改。

RAM 是用户存储器，分为程序区和数据区。程序区用来存放用户编写的控制程序，此程序可根据需要随时修改或增删；数据区用于存放中间变量和输入/输出数据，提供计数器、定时器和寄存器的存储空间等。

2）输入/输出模块

输入模块的作用是，将生产现场的各种开关、触点的状态信号从输入接口引入，经过整形、滤波，转换成主机接口要求的电平信号（TTL）。如果输入的是电压、电流等模拟量信号，还需经过模/数（A/D）转换电路转换成数字量后再送到主机接口。开关量输入模块原理如图 2-2 所示。

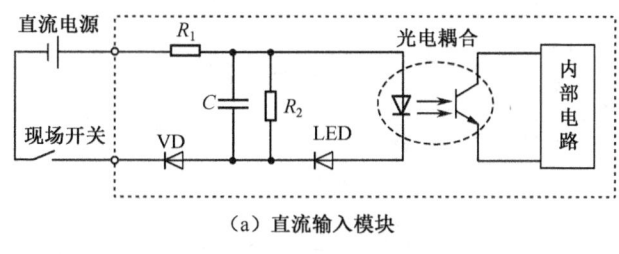

（a）直流输入模块

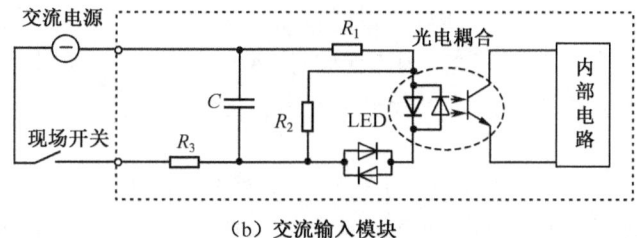

（b）交流输入模块

图 2-2 开关量输入模块原理

输出模块的作用是，将主机对生产过程或设备的控制信号通过输出接口送到现场执行机构。现场执行机构包括继电器线圈、信号灯、电磁阀等信号及驱动装置。这些现场执行机构的操作电源各不相同，包括电压源、电流源，以及直流、交流电源多种组合形式。PLC 的输出接口也有多种输出方式，一般采用继电器输出方式，有的采用双向晶闸管或晶体管输出方式，开关量输出模块原理如图 2-3 所示。

为了防止现场的强电磁干扰进入 PLC，引起 PLC 误操作，在主机 I/O 接口与现场输入/输出信号之间均采用光电耦合电路。用光电耦合电路传输电信号，可以将现场的强电系统与主机的弱电系统完全隔离，提高 PLC 工作的可靠性。

3）电源模块

电源模块是 PLC 的重要组成部分。PLC 内部的电源模块可以将交流电转换为直流电，

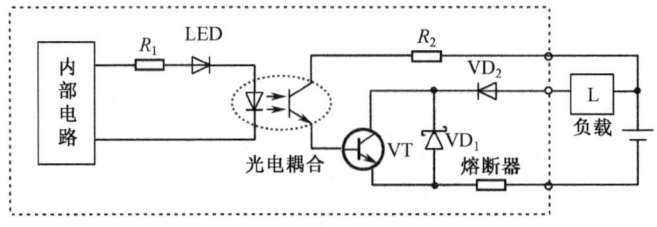

(a) 晶体管输出方式

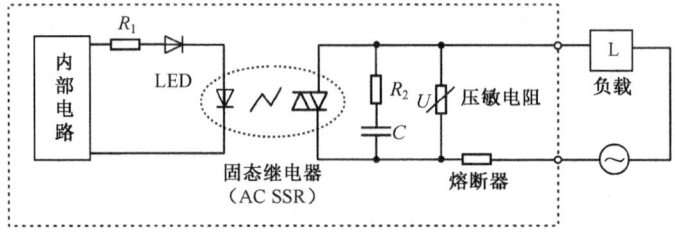

(b) 双向晶闸管输出方式

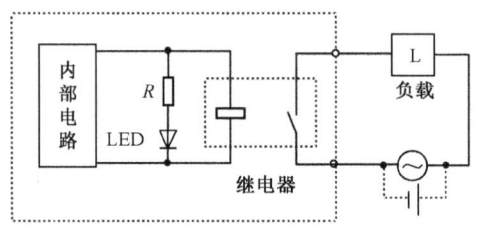

(c) 继电器输出方式

图 2-3 开关量输出模块原理

为主机及输入/输出模块提供工作电源,它的性能好坏直接影响到 PLC 工作的可靠性。目前,PLC 均采用高性能开关稳压电源供电,用锂电池作为交流电停电时的备用电源。

传送现场操作信号灯、电磁阀等执行机构的电源由用户配备。

4) 编程器

编程器是 PLC 的人机对话工具,由键盘、显示器和工作方式选择开关等组成。在编程模式下,用户使用编程器来输入、检查、调试和修改控制程序。在运行或监控模式下,可监视 PLC 的工作情况。

2. PLC 的性能指标与分类

PLC 一般根据输入、输出总点数及功能,大致分为小型机、中型机和大型机三种。小型机一般做成整体式,中型机和大型机一般做成模块式。PLC 的规模与主要性能比较如表 2-1 所示。

2.1.2 PLC 的基本工作原理

PLC 的工作原理实质上与微型计算机的工作原理相似,采用循环扫描的工作方式,即在系统软件控制下,按一定的时钟节拍周而复始地进行工作。

如图 2-4 所示,PLC 的基本工作过程大致可分为输入采样、用户程序执行和输出刷新三个阶段。

表 2-1 PLC 的规模与主要性能比较

性　能	小型机	中型机	大型机
I/O 点数	少于 256 点	256～2048 点	多于 2048 点
CPU	单	双	多
扫描速度	20～40ms	5～20ms	低于 5ms
存储器容量	少于 2KB	2～64KB	64KB～2MKB
智能 I/O	无	有	有
通信能力	弱	较强	强
指令及功能	逻辑运算、定时计数能力，用于逻辑控制	逻辑运算、算术运算定时计数能力，用于开/闭环控制	能进行各种复杂运算，用于过程控制和用作网络中的主站
编程语言	指令语句表	梯形图、指令语句表	梯形图、流程图、指令语句表、BASIC 语言

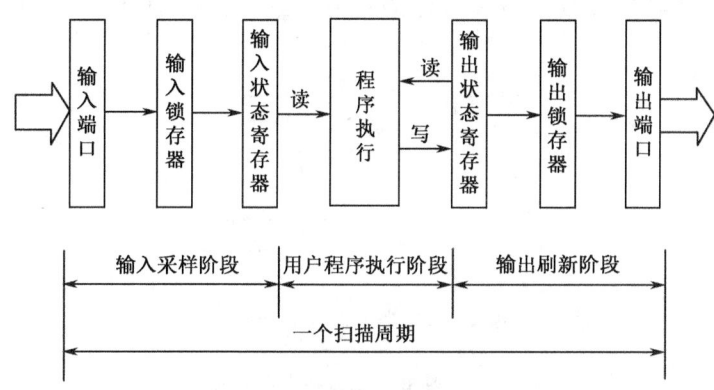

图 2-4 PLC 的基本工作过程

第一步，PLC 中的 CPU 对各输入端口进行扫描，将现场开关状态及速度、温度、压力等模拟信号的 A/D 转换数据传送到输入状态寄存器中，这就是输入采样阶段。

第二步，CPU 逐条执行用户程序，即按程序编排对输入数据进行逻辑和算术运算，再将运算结果送入输出状态寄存器，这就是用户程序执行阶段。

第三步，当用户程序执行结束后，CPU 将输出状态寄存器中的最新结果送到输出模块，使相应的输出开关动作，以驱动被控设备和执行机构，这就是输出刷新阶段。

为了提高工作的可靠性，及时接收外来的控制命令，PLC 在每次扫描期间，除了完成上述三步操作，通常还要进行故障自诊断，完成与编程器的通信。因此，PLC 整个扫描过程如图 2-5 所示。

PLC 的这三个工作阶段加上 PLC 的系统自诊断过程及与编程器通信过程，称为一个扫描周期。扫描周期长短与 CPU 时钟频率、指令类型和指令条数有关。一般输入采样和输出刷新只需 1～2ms，所以扫描时间主要由用户程序执行时间决定。通常为几十毫秒，这对工业控制对象来说几乎是瞬间完成的。

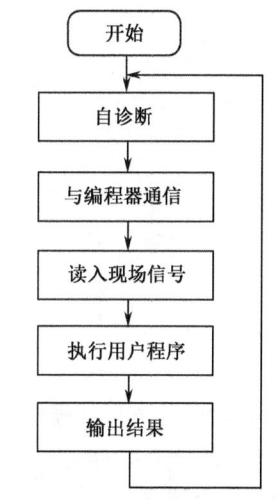

图 2-5 PLC 整个扫描过程

项目 2 PLC 控制系统的构建、编程与调试

2.1.3 PLC的常用编程语言

PLC是通过执行用户程序来实现其控制功能的，即用户先按照生产工艺、流程要求编写用户程序，然后用编程器将用户程序写入RAM，经调试无误后待用。用户可随时启动PLC进入运行工作模式。

PLC的编程语言有梯形图（LAD）、指令语句表（STL）、功能模块图（FBD）和顺序功能图（SFC）4种。中型机和小型机PLC多使用梯形图和指令语句表。

1．梯形图（LAD）

梯形图是使用最广泛的PLC图形编程语言。它将PLC内部的各种编程元件和各种具有特定功能的命令用专用图形符号定义，并按控制要求将有关图形符号按一定的规律连接起来，能够描述输入与输出之间关系。

梯形图符号与继电器符号存在着一定的对应关系，梯形图符号与继电器符号的对照如图2-6所示。

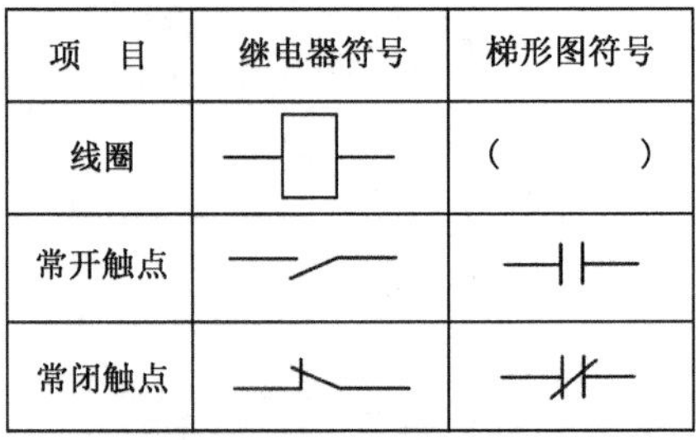

项 目	继电器符号	梯形图符号
线圈	—[ ]—	—( )—
常开触点	—/—	—| |—
常闭触点	—\\—	—|/|—

图2-6 梯形图符号与继电器符号对照

梯形图程序图形与继电器控制电路也存在着一定的相似关系，三菱PLC的梯形图程序如图2-7所示。

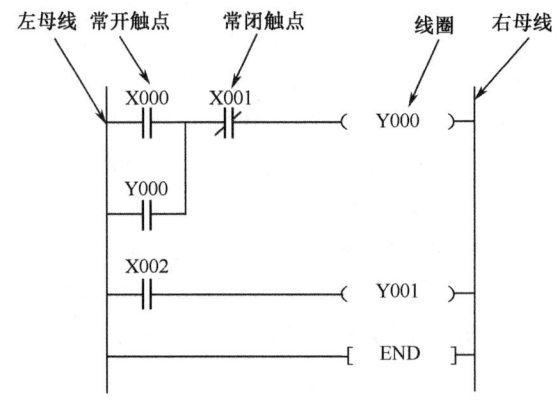

图2-7 三菱PLC的梯形图程序

梯形图程序的编程规则及含义如下。

① 梯形图按自上而下、从左到右的顺序排列。每个继电器线圈为一个逻辑行，称为一个梯级。每个逻辑行起始于左母线，然后进行触点的各种连接，最后令线圈与右母线相连，整个图形呈阶梯形。

② 梯形图是 PLC 的一种具象化编程方式，其左右两侧母线并不接任何电源，因此图中各支路也没有真实电流流过。但为了方便，常用"有电流"或"得电"等术语来形象地描述用户程序在解算中满足输出线圈的工作条件。

③ 梯形图中的继电器不是实际的物理继电器，实质是变量存储器中的触发器，也称为软继电器。相应地，若某位触发器为 1，就表示该软继电器线圈通电，其动合触点闭合或动断触点断开。

④ 在梯形图中，信息流程从左到右，继电器线圈应与右母线直接相连，线圈的右边不能有触点，而左边必须有触点。

⑤ 梯形图中的某继电器的线圈在同一个程序中不能重复使用，而继电器的触点可以重复使用，且使用次数不限。

梯形图形象直观且实用，与继电—接触器线路图在形式上相似，易为电气技术人员所接受，是目前使用最多的一种 PLC 编程语言。

2．指令语句表（STL）

指令语句表（简称语句表）是 PLC 常用的语句编程语言，采用一种与计算机汇编语言类似的助记符编程方式，即采用一些简单易记的文字符号来表达 PLC 的各种指令。梯形图语言虽然直观、方便且易懂，但必须配有较大的显示器才能输入图形，一般多用于大型计算机编程环境。而语句表常用于手持编程器，通过输入助记符语言可在工程现场编制、调试程序。对于同一厂家生产的 PLC 产品，其语句表语言与梯形图语言是相互对应的，可以相互转换。

语句表由指令和操作数（地址号或数据）组成，其格式如下。

步序号　　　指令　　　操作数
　0　　　　LD　　　　X000

指令通常用助记符或操作码表示，以表达指令的执行功能。助记符就是指令的英文或其缩写。操作码是指令的代码，用于某些不便用助记符表示的指令。

操作数表示指令的操作对象，主要是指继电器的类型和编号，也可以是用户对时间继电器和计数继电器所设的设定值。语句表中可以有多个操作数，也可不含操作数。

图 2-8 为与图 2-7 中的梯形图程序一一对应的语句表。

3．功能模块图（FBD）

功能模块图是一种类似于数字逻辑门电路的图形编程语言，如图 2-9 所示。它借用数字电路中的"与""或""非"等逻辑门电路、触发器及连线等图形与符号进行编程，还可用触发器、计数器、比较器等数字电路符号表示其他图形编程语言无法表示的 PLC 基本指令与应用指令。

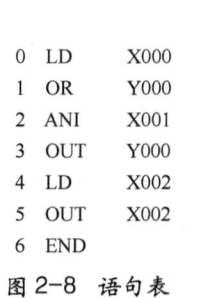

图 2-8　语句表

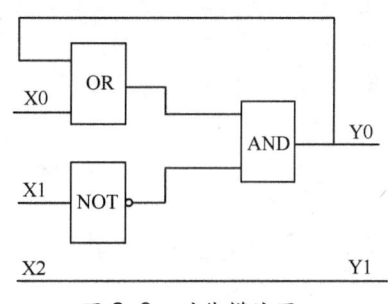

图 2-9　功能模块图

功能模块图的特点是程序直观、形象、设计方便、逻辑关系清晰且简洁，特别是对于开关量控制系统的逻辑运算控制，比其他编程语言更方便。这种编程语言对于有数字电路基础的人来说很容易掌握。

4．顺序功能图（SFC）

顺序功能图又称状态转换图，简称 SFC，如图 2-10 所示，将一个完整的控制过程分成若干动作状态，状态之间有一定的转换条件，条件满足则状态转换，上一状态结束则下一状态开始，以此来表达一个完整的顺序控制过程。顺序功能图特别适合对顺序控制系统进行编程，提供了一种组织程序的图形方法，是其他语言的上位语言。

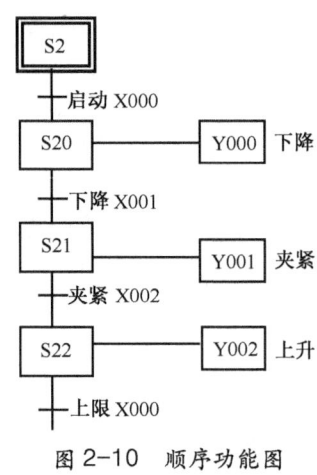

图 2-10　顺序功能图

任务 2.2　认知三菱 PLC

任务引入

三菱 PLC 是日系可编程控制器的典型代表之一，以其强大的功能、丰富的指令集、灵活的配置和较低的价格等优势，颇受国内市场的青睐，在工业自动化控制领域具有广泛的应用。通过本任务的学习，读者可了解三菱 FX_{2N} 系列 PLC 产品的基本组成和编程元件，掌握基本逻辑指令，这是 PLC 编程的基础。

任务目标

（1）了解三菱 FX_{2N} 系列 PLC 的基本组成。
（2）熟悉三菱 FX_{2N} 系列 PLC 的编程元件。
（3）掌握三菱 FX_{2N} 系列 PLC 的基本逻辑指令。

相关知识

2.2.1　三菱 PLC 的基本概况

三菱 PLC 为日本三菱公司所生产的可编程控制器系列。目前，三菱公司已经推出了包括

F、FX 系列的小型机及 A 系列和 Q 系列的中大型机等多种型号的 PLC，具有功能齐全、使用方便、适应面广、可靠性高、抗干扰能力强和编程简单等特点。

三菱 FX 系列适应面广，是我国使用最广泛的 PLC 产品之一。该系列 PLC 型号命名的基本格式如图 2-11 所示。

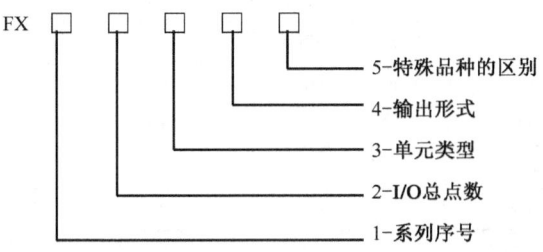

图 2-11　三菱 FX 系列 PLC 型号命名的基本格式

系列序号：如 0、2、0N、2C、1S、1N、2N、1NC、2NC 等。
I/O 总点数：10～256 点。
单元类型：M——基本单元，E——扩展单元（I/O 混合），EX——扩展单元输入单元（模块），EY——扩展单元输出单元（模块）。
输出形式：R——继电器输出，T——晶体管输出，S——晶闸管输出。
特殊品种的区别：D——DC 电源，DC 输入；A——AC 电源，AC 输入等。
例如，FX_{2N}-32MT-D 表示 FX_{2N} 型、32 个 I/O 点基本单元、晶体管输出、使用直流电源、24V 直流输出型。

FX_{2N} 系列是 FX 家族中先进的子系列，具有高度集成、功能性强、寄存器容量大、特殊功能模块多、元件及功能指令丰富等优点。

2.2.2　FX_{2N} 系列 PLC 系统的组成

FX_{2N} 系列 PLC 系统包括基本单元、扩展单元、各种特殊功能单元和外部设备。

1. 基本单元

基本单元为 PLC 的主体单元，也称主机单元。其内部各部分之间通过内部系统总线连接，可独立工作，主要包括 CPU、存储器、I/O 模块、通信接口和扩展接口等。每一部分的功能已在任务 2.1 中介绍。

1）基本单元规格

FX_{2N} 系列 PLC 的基本单元，按 I/O 点数分类，有 16 点、32 点、48 点、65 点、80 点、128 点共 6 种；按使用电源分类，有 AC 型和 DC 型两种；按输出方式分类，有继电器输出型、晶体管输出型和晶闸管输出型 3 种。FX_{2N} 系列基本单元规格如表 2-2 所示。

2）基本单元面板结构

FX_{2N}-16MR 系列 PLC 基本单元面板结构如图 2-12 所示。

下面介绍基本单元面板的布置和各接线端口的作用。

表 2-2 FX$_{2N}$ 系列基本单元规格

型号			输 入		输出点数
继电器输出	晶体管输出	晶闸管输出			
FX$_{2N}$ 系列基本单元					
FX$_{2N}$-16MR-001	FX$_{2N}$-16MT	FX$_{2N}$-16MS	8 点	DC24V	8 点
FX$_{2N}$-32MR-001	FX$_{2N}$-32MT	FX$_{2N}$-32MS	16 点	DC24V	16 点
FX$_{2N}$-48MR-001	FX$_{2N}$-48MT	FX$_{2N}$-48MS	24 点	DC24V	24 点
FX$_{2N}$-64MR-001	FX$_{2N}$-64MT	FX$_{2N}$-64MS	32 点	DC24V	32 点
FX$_{2N}$-80MR-001	FX$_{2N}$-80MT	FX$_{2N}$-80MS	40 点	DC24V	40 点
FX$_{2N}$-128MR-001	FX$_{2N}$-128MY	—	64 点	DC24V	64 点
内置 DC24V 电源供传感器等使用					
FX$_{2N}$ 系列基本单元					
FX$_{2N}$-32MR-D	FX$_{2N}$-32MT-D	—	16 点	DC24V	16 点
FX$_{2N}$-48MR-D	FX$_{2N}$-48MT-D	—	24 点	DC24V	24 点
FX$_{2N}$-64MR-D	FX$_{2N}$-64MT-D	—	32 点	DC24V	32 点
FX$_{2N}$-80MR-D	FX$_{2N}$-80MT-D	—	40 点	DC24V	40 点

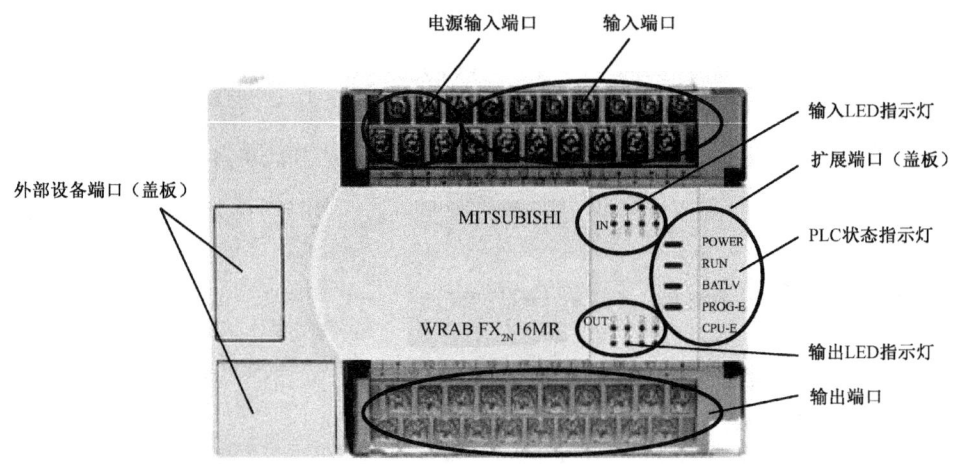

图 2-12 FX$_{2N}$-16MR 系列 PLC 基本单元面板结构

（1）电源输入端口。

电源输入端口用来连接外部电源。AC 电源型主机，其电源电压为 240 V；DC 电源型主机，其电源电压为 24 V。

（2）输入端口。

输入端子用来连接输入设备，如按钮、开关和行程开关等。

（3）输出端口。

输出端口用来连接输出设备，如继电器、接触器和电磁铁等。

（4）输入、输出 LED 指示灯。

每个输入、输出点都有一个对应的 LED，当某个输入或输出点的 LED 指示灯亮时，表示该输入或输出点的状态为 ON。

(5) PLC 状态指示灯。

① 电源指示（POWER）：PLC 通电后点亮。

② 运行状态指示（RUN）：PLC 程序处于执行状态时点亮。

③ 电量指示（BATLV）：后备电池电量不足时点亮。

④ 编程模式指示（PROG-E）：PLC 程序出错时点亮。

⑤ CPU 状态指示（CPU-E）：CPU 出错时点亮。

(6) 扩展端口。

扩展端口用于连接各种扩展单元，如 I/O 扩展单元、特殊功能单元等。

(7) 外部设备端口。

外部设备端口可以连接编程器等外部设备，也可通过通信适配器连接其他 PLC 和上位计算机以构成网络。

2．扩展单元

FX_{2N} 系列具有较为灵活的 I/O 扩展功能。当基本单元的 I/O 接口不足时，可利用扩展单元或扩展模块实现 I/O 点数的扩展。扩展单元自带电源，而扩展模块不带电源，用电由基本单元供给。因扩展单元和扩展模块无 CPU，故必须与基本单元一起使用。

3．特殊功能单元

特殊功能单元是一些专用装置，如模拟 I/O 单元、高速计数单元、位置控制单元及通信单元等。大多数特殊功能单元都是通过基本单元的扩展端口与 PLC 的主机相连，部分特殊功能单元通过 PLC 的编程器，或通过适配器与主机连接，不影响原系统的扩展。

4．外部设备

外部设备是 PLC 系统不可分割的部分，主要包括编程设备、存储器、监控设备及输入和输出设备。

2.2.3 FX_{2N} 系列 PLC 的编程元件

PLC 是一种专用微机，在实现继电－接触器控制系统的功能时，不必从计算机的角度去研究，而将 PLC 的内部结构等效为一个继电器系统。在 PLC 内部有很多个存储单元，每个存储单元由 8 位或 16 位触发器组成，一个触发器等效为一个继电器。这种等效继电器由软件来控制，故叫软继电器。用户使用这些软继电器，通过编程来实现所需的逻辑控制，所以这些继电器又称为编程元件。FX_{2N} 系列常用编程元件及符号如表 2-3 所示。

表 2-3 FX_{2N} 系列常用编程元件及符号

名 称	符 号	名 称	符 号
输入继电器	X	计数继电器	C
输出继电器	Y	数据寄存器	D
辅助继电器	M	变址寄存器	V、Z
状态继电器	S	指针	P、I
时间继电器	T	常数	K、H

1．输入继电器（X）

输入继电器的作用是采集现场设备的信号并将其送入内部控制部分。它与 PLC 的输入端口相连，只能由外部信号驱动，不能被内部程序指令控制。所以，在梯形图中无输入继电器线圈，只提供若干对常开和常闭触点。这些触点表示外部输入信号的状态，仅供编程使用，不能直接驱动外部负载。

基本单元输入继电器的编号是固定的，用八进制数表示，如 X000～X007，X010～X017，……；扩展单元或扩展模块输入继电器的编号从最靠近基本单元的模块开始，按八进制数续接基本单元编号。FX_{2N} 系列 PLC 带扩展时最多可有 128 个输入继电器。

2．输出继电器（Y）

输出继电器的作用就是将控制信号输出，以驱动负载。输出继电器依靠程序的执行结果而驱动，即由内部程序来控制，每个输出继电器仅有一对外部输出触点。输出继电器可以提供若干对动合、动断触点供内部编程时使用。

输出继电器及其扩展单元和扩展模块的编号方式与输入继电器相同，也按八进制数编号，如 Y000～Y007,Y010～Y017,……。FX_{2N} 系列 PLC 的输出继电器的编号范围为 Y000～Y267。

注意，只有输入和输出继电器的编号按八进制数分配地址，其他继电器均按十进制数分配。

3．辅助继电器（M）

PLC 中设有许多辅助继电器，与输出继电器一样，只受程序指令控制，专供内部编程使用，相当于继电-接触器控制系统中的中间继电器，具有无数个常开和常闭触点。辅助继电器不能直接驱动外部负载。

辅助继电器用文字符号 M 与十进制数一起共同组成编号。

辅助继电器分为通用型、断电保护型和特殊型三种。

1）通用型辅助继电器

FX_{2N} 系列 PLC 共有 500 个通用型辅助继电器。通用型辅助继电器没有断电保护功能。

2）断电保护型辅助继电器

FX_{2N} 系列 PLC 共 2572 个断电保护型辅助继电器，其编号为 M500～M3071。其中，M1024～M3071 为停电保持专用辅助继电器，其主要特点是，在 PLC 电源断开后，辅助继电器具有保持断电前瞬间状态的功能，并在重新供电后恢复到继电器断电前的状态。

另外，根据需要可通过软件设置，将 M500～M1023 设定为通用型辅助继电器。这时应在程序最前面的地方使用 RST 或 ZRST 指令，进行状态初始化。

3）特殊型辅助继电器

FX_{2N} 系列 PLC 中有 256 个特殊辅助继电器，不同的特殊辅助继电器有各自的特点和功能，可分成以下两类。

（1）触点利用型特殊辅助继电器（只读）

线圈由 PLC 驱动，用户只可利用其触点。例如，M8000——运行监控（PLC 运行时接通）；M8002——初始脉冲（仅在运行开始瞬间接通）；M8012——100ms 时钟脉冲。

（2）可驱动线圈型特殊辅助继电器（可读/写）

用户程序驱动线圈后，PLC 做特定动作。例如，M8030——使 BATT LED（锂电池欠压指示灯）熄灭；M8033——PLC 停止时输出保持；M8034——禁止全部输出；M8039——定时扫描。

4．状态继电器（S）

状态继电器是构成顺序功能图的重要软元件，用于编制顺序控制程序的状态标志，与步进顺序控制指令 STL 组合使用，见图 2-10。

状态继电器分为一般用状态继电器（S0～S499，其中 S0～S9 用于初始化，S10～S19 用于执行 ITS 指令时的原点回归）、停电保持用状态继电器（S500～S899）和信号报警用状态继电器（S900～S999）三类。

状态继电器在不用于步进顺序控制指令时，可以与辅助继电器一样，用于一般的顺序控制。对于一般用状态继电器，在电源断开后，其状态都变成 OFF。

停电保持用状态继电器能够记忆电源断电前一刻的开或关状态。因此，通电后能从中间工序开始工作。这与辅助继电器一样，是利用外部设备进行参数设定，一般用继电器与断电保持用继电器的地址分配可加以改变。

注意，当状态继电器作为一般用状态继电器使用时，应在程序的起始部分设置区间复位电路。

5．时间继电器（T）

时间继电器，又叫定时器，在 PLC 中用于时间的控制，包括一个设定值寄存器（字寄存器）、一个当前值寄存器（字寄存器）和一个用来存储其输出触点状态的映像寄存器（位寄存器）。对于同一个定时器，这三个存储单元使用同一个元件编号，但所处位置不同，其所指含义也不同。

PLC 中的定时器分为普通型定时器和积算型定时器两类。

FX_{2N} 系列 PLC 定时器的分类、元件编号及设定值范围如下。

① 100ms 定时器，T0～T199，定时范围为 0.1～3276.7s。
② 10ms 定时器，T200～T245，定时范围为 0.01～327.67s。
③ 1ms 积算型定时器，T246～T249，定时范围为 0.001～32.767s。
④ 100ms 积算型定时器，T250～T255，定时范围为 0.1～3276.7s。

1）普通型定时器的工作原理

普通型定时器的指令符号及应用梯形图如图 2-13 所示。

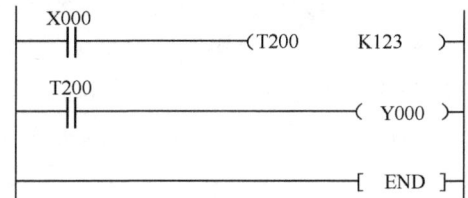

图 2-13　普通型定时器的指令符号及应用梯形图

当定时器 T200 的驱动输入 X000 接通时，T200 的当前值计数器对 10ms 时钟脉冲进行累计计数。在当前值等于设定值（123）时，定时器的输出触点动作，即其输出触点在其输入条件满足后过 1.23s（10ms×123=1.23s）才动作。

当 T200 触点闭合时，Y000 就有输出。当驱动输入 X000 断开或 PLC 发生断电时，定时器就复位，输出触点也复位，这是因为普通型定时器没有断电保护功能。

2）积算型定时器的工作原理

积算型定时器的指令符号及应用梯形图如图 2-14 所示。

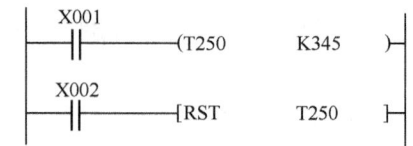

图 2-14　积算型定时器的指令符号及应用梯形图

当定时器 T250 的驱动输入 X001 接通时，T250 的当前值计数器对 100ms 时钟脉冲进行累计计数。在当前值等于设定值 K（345）时，定时器的输出触点动作。在计数过程中，即使驱动输入 X001 断开或 PLC 断电，当前值仍可保持。

当 X001 再接通或复电时，计数继续进行，直到当前值等于设定值（345）时，计数才停止，此时定时器的输出触点动作。当复位输入 X002 接通时，定时器复位，输出触点也复位，即积算型定时器具有断电保护功能。

6．计数继电器（C）

计数继电器（又称计数器）可对外部事件或内部脉冲进行计数。计数器的工作原理与定时器相类似，通过当前计数值与设定计数值的比较结果来输出触点信号。

FX_{2N} 系列 PLC 计数器按使用场合及目的不同分为内部计数器和高速计数器两种；内部计数器按计数位数及方式不同分为 16 位递增计数器和 32 位增/减计数器两种。

1）内部计数器

内部计数器是在执行扫描操作时，对内部信号（如 X、Y、M、S、T 等）进行计数，条件是内部输入信号的接通和断开时间应比 PLC 的扫描周期稍长。

（1）16 位递增计数器（C0～C199，共 200 点）

C0～C99（共 100 点）为通用型；C100～C199（共 100 点）为断电保持型。通用型和断电保持型的点数分配可通过参数设置而随意更改。这类计数器为递增计数器，使用过程中应先对其设置一个设定值，当输入脉冲信号（上升沿）个数等于设定值时，计数器动作。设定值范围为 1～32767（16 位二进制数的范围）。设定值除了用常数 K 设定，还可通过指定的数据寄存器间接设定。

通用型 16 位递增计数器的工作原理如图 2-15 所示。当 X010 接通时，计数器 C0 复位。X011 是计数输入，每当 X011 接通一次，计数器当前值增加一次。当计数器的当前值等于设定值（10）时，计数器 C0 的输出触点动作，Y000 接通。此后，即使输入 X011 再接通，计数器的当前值也保持不变。当复位端输入 X010 接通时，执行复位指令（RST 指令），计数器复位，输出触点也复位，Y000 断开。

（2）32 位增/减计数器（C200～C234，共 35 点）

C200～C219（共 20 点）为通用型；C220～C234（共 15 点）为断电保持型。这类计数器与 16 位递增计数器相比，除计数位数不同之外，还能通过控制实现加、减双向计数。这类计数器的设定值范围为-2147483648～+2147483647（32 位二进制数的范围）。

C200～C234 计数器是增计数器还是减计数器，分别由特殊辅助继电器 M8200～M8234 设定。对应的特殊辅助继电器被置为 ON 时为减计数器，置为 OFF 时为增计数器。

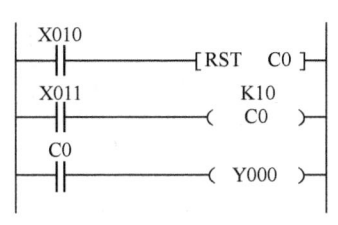 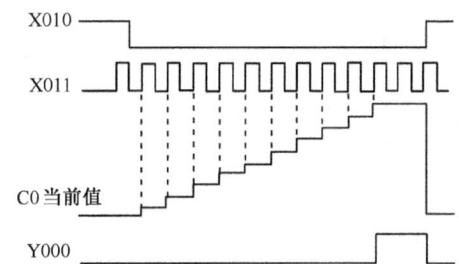

图 2-15 通用型 16 位递增计数器的工作原理

C200~C234 计数器的设定值与 16 位递增计数器一样，可直接用常数 K 或间接数据寄存器 D 的内容作为设定值。

如图 2-16 所示，X010 用来控制 M8200，X010 闭合表示采用减计数方式。X012 为计数输入，C200 的设定值为 5（可正、可负）。将 C200 置为增计数方式，当 X012 计数输入由 4 变为 5 时，计数器的输出触点动作。在当前值大于 5 时，计数器仍为 ON 状态，只有在当前值由 5 变为 4 时，计数器才变为 OFF。只要当前值小于 4，则输出保持为 OFF 状态。复位输入 X011 接通时，计数器的当前值为 0，输出触点也随之复位。

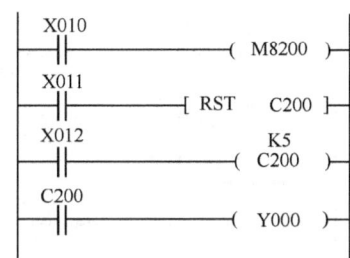

图 2-16 32 位增/减计数器

2）高速计数器

高速计数器主要对高于 PLC 扫描频率的机外脉冲计数。高速计数器工作时需要一个存储当前值的字元件和一个表示计数器线圈或触点状态的位元件。FX$_{2N}$ 系列 PLC 高速计数器共 21 个（C235~C255），均为 32 位增/减计数器，且均具有断电保持功能，也可通过参数设置成非断电保持功能。适合作为高速计数器输入端的端口地址有 X000~X007，这些端口不能重复使用，即某个端口若已被某个高速计数器占用，则既不能用于其他高速计数器，也不能另作他用。

高速计数器是通过中断方式运行的，可对 kHz 级的机外脉冲计数，而与 PLC 的扫描频率无关。所选定计数器的线圈应被连续驱动，以表示与它有关的输入点已被占用，其他高速计数器的处理不能与它冲突。连续驱动计数器的软触点可以是输入继电器触点，也可以是特殊辅助继电器（如 M8000）的动合触点。

高速计数器根据计数方式可分为如下三类。

（1）单相单计数输入型高速计数器（C235~C245）

此类计数器的触点动作与 32 位增/减计数器相同，可进行增或减计数。计数方式取决于 M8235~M8245 的状态，其动作过程如图 2-17 所示。

无启动/复位端单相单计数输入型高速计数器的动作过程如图 2-17（a）所示。当 X010 断开时，M8235 为 OFF，此时 C235 采用增计数方式（反之采用减计数）。由 X012 选中 C235，从表 2-4 所示的高速计数器相对应的输入端子中可知，其输入信号来自 X000，C235 对 X000 信号增计数。

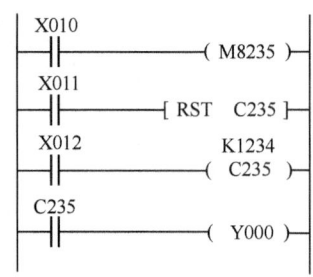
(a) 无启动/复位端

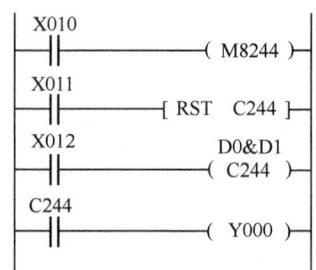
(b) 带启动/复位端

图 2-17 单相单计数输入型高速计数器的动作过程

当当前值达到 1234 时，C235 常开触点接通，Y000 得电。X011 为复位信号，当 X011 接通时，C235 复位。

带启动/复位端单相单计数输入型高速计数器的动作过程如图 2-17（b）所示。由表 2-4 可知，X001 和 X006 分别为复位输入端和启动输入端。利用 X010 通过 M8244 可设定其增/减计数方式。当 X012 接通且 X006 也接通时，开始计数。计数的输入信号来自 X000，C244 的设定值由 D0 和 D1 指定。除可用 X001 立即复位外，也可用梯形图中的 X011 复位。

表 2-4 高速计数器相对应的输入端

输入	单相无启动/复位计数器						单相带启动/复位计数器					双相双向计数器					双相 A-B 计数器				
	C235	C236	C237	C238	C239	C240	C241	C242	C243	C244	C245	C246	C247	C248	C249	C250	C251	C252	C253	C254	C255
X000	U/D						U/D			U/D		U	U		U		A	A		A	
X001		U/D					R			R		D	D		D		B	B		B	
X002			U/D					U/D			U/D			R		R			R		R
X003				U/D				R			R			U		U			A		A
X004					U/D				U/D					D		D			B		B
X005						U/D			R					R		R			R		R
X006										S				S					S		
X007											S				S						S

注：U——增计数输入；D——减计数输入；A——A 相输入；B——B 相输入；R——复位输入；S——启动输入；X006、X007 只能用作启动信号，而不能用作计数信号。

（2）单相双输入型高速计数器（C246～C250）

单相双输入型高速计数器（C246～C250）有两个输入端，分别为递增端和递减端。有的还有启动输入端和复位输入端。利用 M8246～M8250 的 ON/OFF 动作可分别控制 C246～C250 的增计数/减计数动作。

如图 2-18 所示为单相双输入型高速计数器的动作过程，X010 为复位信号，处于 ON 状态时，可使 C248 复位。由表 2-4 可知，可利用 X005 将其复位。当 X011 接通时，选中 C248，输入脉冲来自 X003 和 X004，其中对 X003 进行增计数，对 X004 进行减计数。

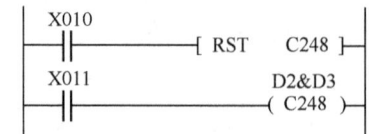

图 2-18 单相双输入型高速计数器的动作过程

（3）双相输入型（A-B 型）高速计数器（C251～C255）

在双相输入型高速计数器中，A 相和 B 相信号决定计数器是采用增计数还是减计数。如图 2-19 所示为双相输入型高速计数器的动作过程，当 A 相为 ON，B 相由 OFF 到 ON 时，采用增计数；当 A 相为 ON，B 相由 ON 到 OFF 时，采用减计数。当 X012 接通时，由表 2-4 可知，C251 通过中断，对输入来自 X000（A 相）和 X001（B 相）动作计数。只有当计数器使当前值超过设定值时，Y002 为 ON。若 X011 接通，则计数器执行 RST 指令复位。根据不同的计数方向，Y003 为 ON（增计数）或为 OFF（减计数）。利用 M8251～M8255 的 ON 或 OFF 动作，可分别控制 C251～C255 的增/减计数动作。

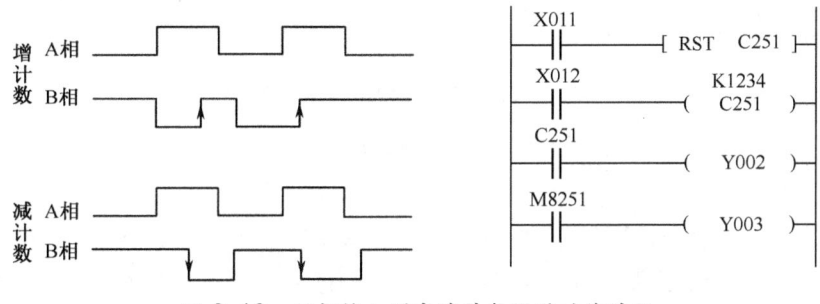

图 2-19 双相输入型高速计数器的动作过程

需要注意的是，不要用高速计数器的输入端作为高速计数器的驱动触点。

7．数据寄存器

数据寄存器是用来存储 PLC 进行输入/输出处理、模拟量控制、位置控制时的数据和参数的软元件。每个数据寄存器都是 16 位的。如果两个数据寄存器组合，还可以实现 32 位数值数据的存储。在 32 位数据寄存器中，大编号软元件放在高位，小编号软元件放在低位，建议低位采用偶数软元件进行编号。

数据寄存器有通用数据寄存器（D0～D199）、保持数据寄存器（D200～D7999）和特殊数据寄存器（D8000～D8255）3 种类型。

8．指针（P、I）

指针用来指示分支指令的跳转目标和中断程序的入口标号，分为分支指针、输入中断指针、定时中断指针和计数中断指针。

1）分支指针（P0～P127）

分支指针作为一种标号，用来指定跳转指令（CJ）和子程序调用指令（CALL）等分支指令的跳转目标。如图 2-20 所示，当 X001 常开触点接通时，执行跳转指令 CJ P0，PLC 跳转到标号 P0 处之后的程序去执行。

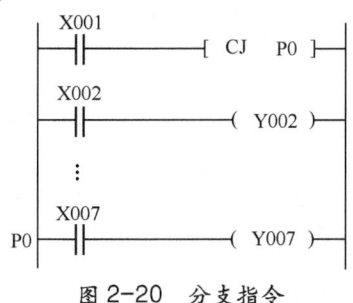

图 2-20 分支指令

2）中断指针（I0□□～I8□□）

中断指针用来指示某中断程序的入口位置。执行中断后遇到中断返回指令（IRET），则返回主程序。中断指针有以下3种类型。

（1）输入中断指针（I00□～I50□，共6点）

输入中断指针用来指示由特定输入端的输入信号而产生中断的中断服务程序的入口位置。这类中断不受PLC扫描周期的影响，可以及时处理外部信息。输入中断指针的编号格式如图2-21所示。

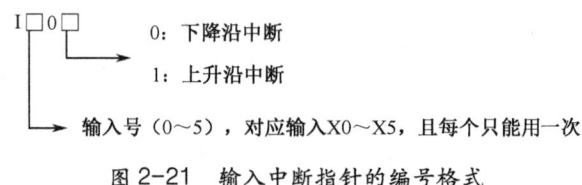

图2-21 输入中断指针的编号格式

（2）定时中断指针（I6□□～I8□□，共3点）

定时中断指针用来指示周期定时中断的中断服务程序的入口位置。这类中断的作用是PLC以指定的周期定时执行中断服务，定时循环处理某些任务，处理的时间也不受PLC扫描周期限制。□□表示定时范围，可在10～99ms中选取。

（3）计数中断指针（I010～I060，共6点）

计数中断指针用于PLC内置的高速计数器，根据高速计数器的当前值与设定值的关系，确定是否执行中断服务程序，常用于利用高速计数器优先处理计数结果的场合。

9．变址寄存器（V、Z）

变址寄存器是一种特殊用途数据寄存器，相当于微机中的变址寄存器，用于改变元件的编号（变址）。设V0=5，则执行D20 V0时，被执行的数据寄存器地址编号变为D25（D20+5）。FX$_{2N}$系列PLC有V0～V7和Z0～Z7共16个变址寄存器，都是16位寄存器。

10．常数（K、H）

常数有十进制整数和十六进制整数两种。十进制整数以数据前加K表示，主要用来指定定时器和计数器的设定值及应用功能指令操作数中的数值。十六进制整数以数据前加H表示，主要用来表示应用功能指令的操作数值。

2.2.4 FX$_{2N}$系列PLC的指令系统

PLC是通过执行用户程序来实现其控制功能的。用户需按照生产工艺、流程要求来编制用户程序，然后用编程器将用户程序写入用户存储器，经调试无误后待用。用户可随时使PLC进入运行工作模式。

用户程序的实质就是为实现某控制目的而有效组织起来的诸多指令集合。所以，编制用户程序之前，必须掌握PLC的指令系统。

FX$_{2N}$系列PLC共有27条基本逻辑指令，还有100多条功能指令。基本上，仅用基本逻辑指令便可编制出开关量控制系统的用户程序。

1. PLC的基本逻辑指令

基本逻辑指令是PLC中最基础的编程语言，掌握了基本逻辑指令也就初步掌握了PLC的使用方法。这里，主要介绍这些基本逻辑指令的功能、梯形图的编制及对应指令表的转化。下面通过几个实例介绍来说明如何从控制要求出发，编制出能满足控制要求的PLC控制程序。

1）输入和输出指令

LD：取指令，用于与左母线相连的动合触点。

LDI：取反指令，用于与左母线相连的动断触点。

以上两条指令还可以与ANB、ORB和MC指令配合，用于分支电路的开始点。

OUT：输出指令，用于驱动输出继电器、辅助继电器、定时器和计数器，但不能用于驱动输入继电器。驱动定时器和计数器时，必须设置常数为K。

LD、LDI、OUT指令的应用案例如图2-22示。

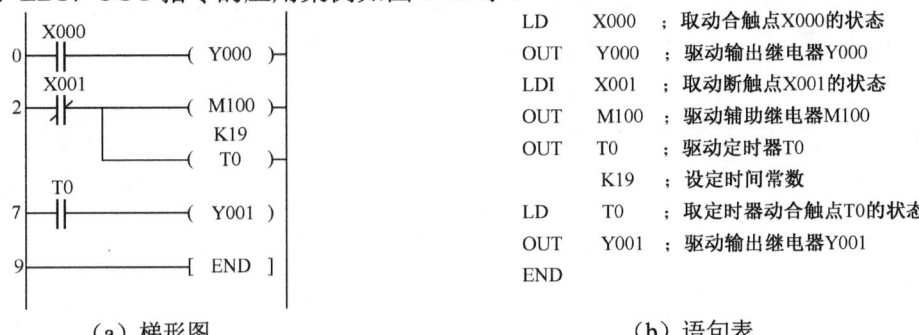

（a）梯形图　　　　　　　　　　　　　　（b）语句表

图2-22　LD、LDI、OUT指令的应用案例

在梯形图中，若输入继电器X000有信号，则输出继电器Y000得电动作；若输入继电器X001的外来信号消失，则辅助继电器M100得电动作，同时启动定时器T0，延时19s后，定时器动合触点T0闭合，输出继电器Y001得电动作。

2）逻辑指令

（1）与指令

AND：与指令，动合触点串联连接指令。

ANI：与非指令，动断触点串联连接指令。

这两条指令只能用于一个触点与前面接点电路的串联。

AND、ANI指令的应用案例如图2-23所示。在梯形图中，OUT M101指令后，经过触点T1，再利用OUT指令驱动Y004，此过程称为连续输出。但是，由于梯形图的编程规则是从左到右、从上到下，因此不允许使用如图2-24所示的错误梯形图。

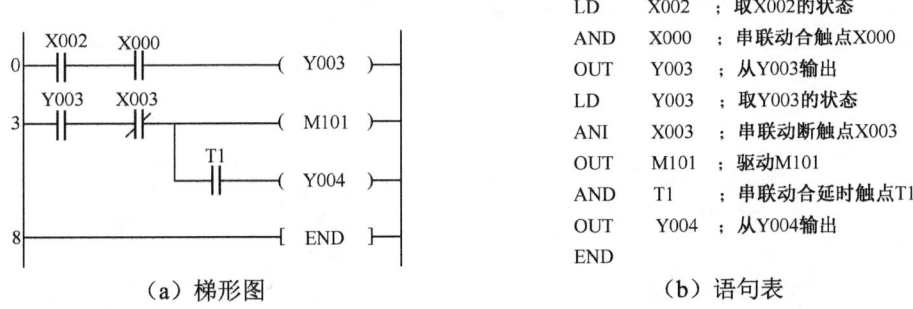

（a）梯形图　　　　　　　　　　　　　　（b）语句表

图2-23　AND、ANI指令的应用案例

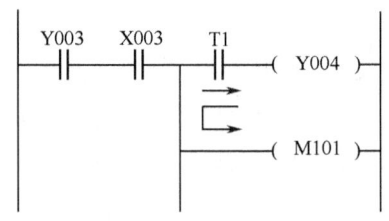

图 2-24 错误梯形图

（2）或指令

OR：或指令，用于动合触点的并联。

ORI：或非指令，用于动断触点的并联。

OR、ORI 指令只能用于一个触点与前面接点电路的并联。两个以上的触点串联再与前面接点电路并联则不能使用 OR、ORI 指令，应使用后面将要讲到的块或（ORB）指令。

OR、ORI 指令的应用案例如图 2-25 所示。

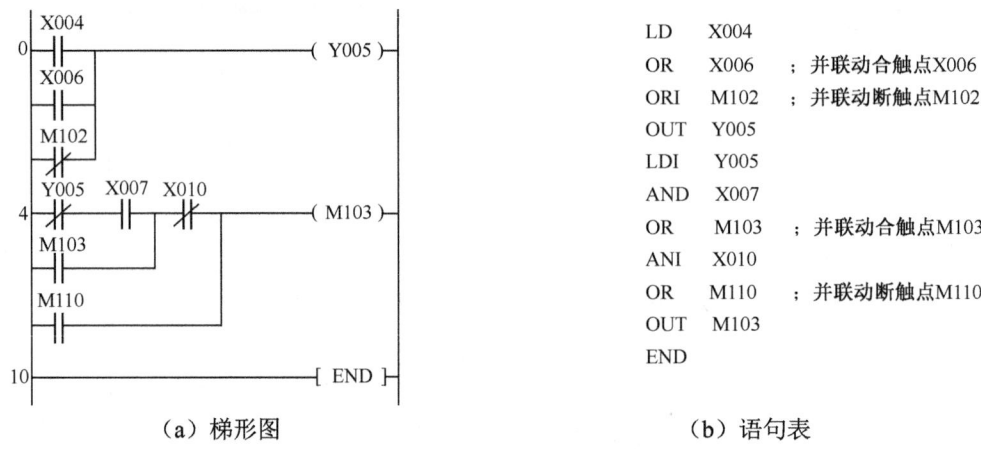

（a）梯形图　　　　　　　　　　（b）语句表

图 2-25　OR、ORI 指令的应用案例

（3）电路块连接指令

ORB：电路块或指令。用于两个以上触点串联的支路与前面支路并联的情况。

使用这条指令对各支路进行并联时，各支路的起点应使用 LD 或 LDI 指令。多个支路并联的电路，每写一条并联支路，后面紧跟一条 ORB 指令，才能将该支路并联到前面的电路上。

ORB 指令的应用案例如图 2-26 所示。

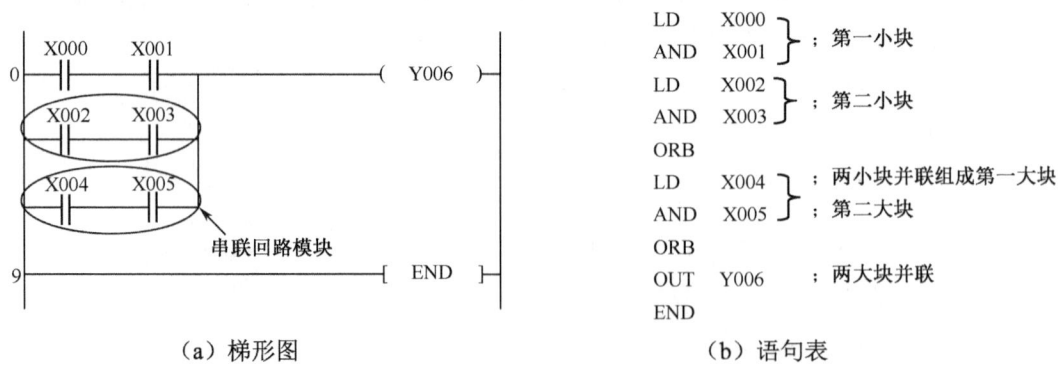

（a）梯形图　　　　　　　　　　（b）语句表

图 2-26　ORB 指令的应用案例

ANB：电路块与指令，用于并联电路块与前面接点电路或并联电路块的串联。

使用 ANB 指令时，应注意先组块后串联；在每个电路块开始时，需用 LD 或 LDI 指令；在许多电路块串联时，每写完一个电路块，紧跟一个 ANB 指令，才能将该电路块与前面的电路串联起来。

ANB 指令的应用案例如图 2-27 所示。

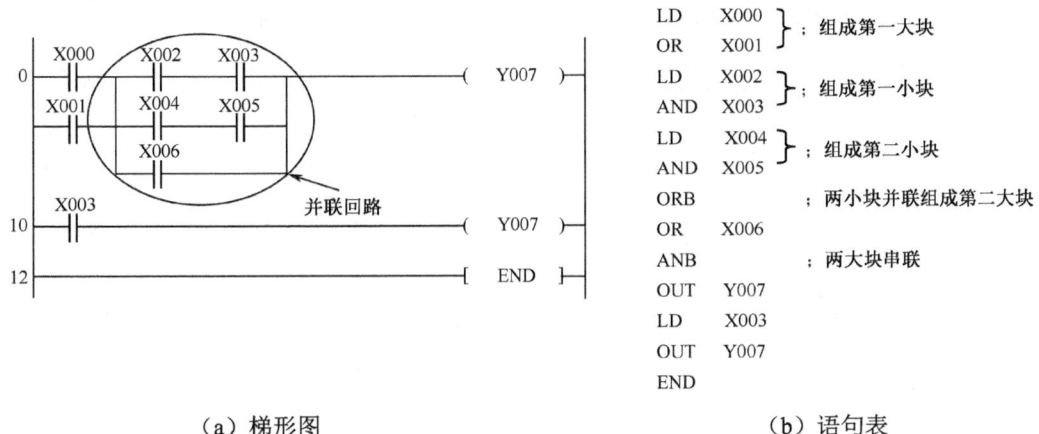

图 2-27　ANB 指令的应用案例

3）多重回路输出指令

在 PLC 中有 11 个被称作栈的记忆中间运算结果的存储器。操作栈存储器中数据的指令就是多重回路输出指令。

MPS：进栈指令，将运算数据送入栈顶（第一个存储单元），再使用一次进栈指令 MPS，又将该时刻的运算数据送入栈顶，这时会将先前送入栈的数据依次下移到下一个存储单元。

MPP：出栈指令，将栈内各数据按顺序向上移动一个存储单元，并将原在栈顶上的数据读出，同时该数据在栈中消失。

MRD：读栈指令，读出栈顶所存储的最新数据，栈内其他数据不发生移动，是多分支多重回路输出编程用的便利指令。

简单的栈操作指令的编程应用如图 2-28 所示。利用 MPS 存储得出的运算结果，然后驱动 Y002。用 MRD 指令将该存储数据读出，再驱动输出 Y003；最后输出回路以 MPP 指令代替 MRD 指令，从而在读出上述存储数据的同时将其复位。

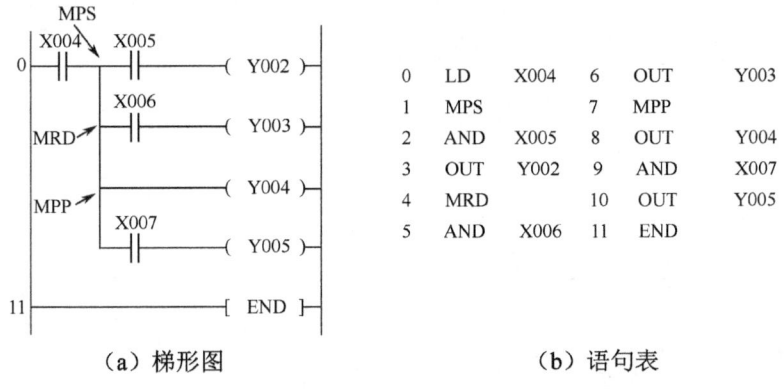

图 2-28　简单的栈操作指令的编程应用

栈操作指令在不同形式下的应用案例如图 2-29 所示。

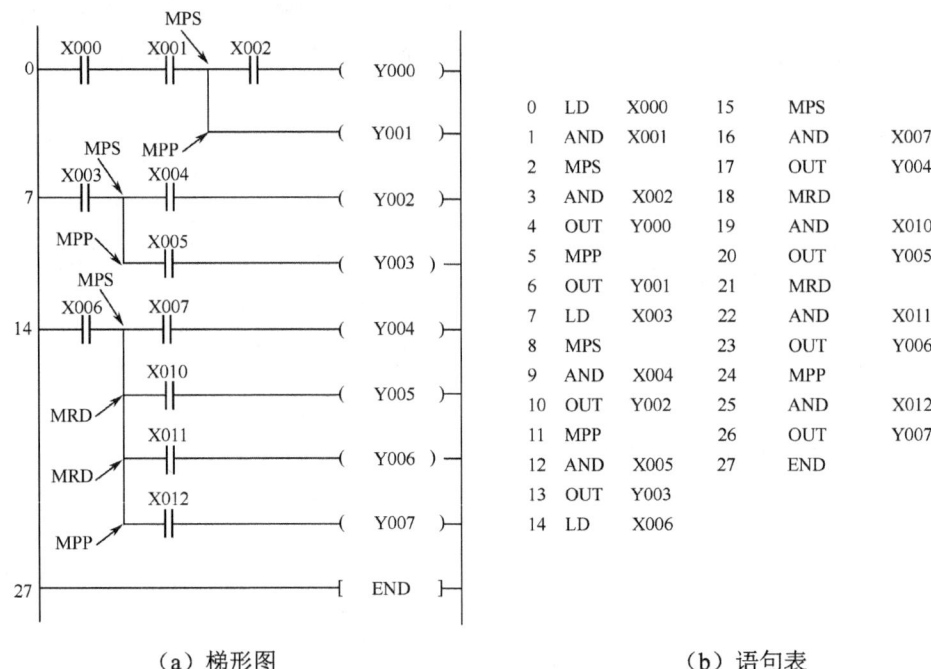

(a) 梯形图　　　　　　　　　　　(b) 语句表

图 2-29　栈操作指令在不同形式下的应用案例

4) 主控母线指令

主控母线指令简称为主控指令。

MC：主控指令，引出一条分支母线。

MCR：主控复位指令，使分支母线结束并回到原来（前面）的母线上。

在复杂的逻辑控制电路中，经常会遇到有几个线圈不仅受其各自逻辑行中的触点控制，还同时受公共逻辑条件控制的情况。若在每个线圈的逻辑行中都编入该公共逻辑条件，势必增加许多触点，使程序步数增多，导致用户程序过大。如果用代表公共逻辑条件的辅助继电器来控制一条分支母线（由主控指令 MC 设置分支母线），每个线圈所在的逻辑行都挂在分支母线上，待各逻辑行编完后用主控母线复位指令使其返回原母线，就可达到简化程序的目的。

MC、MCR 指令的应用案例如图 2-30 所示。

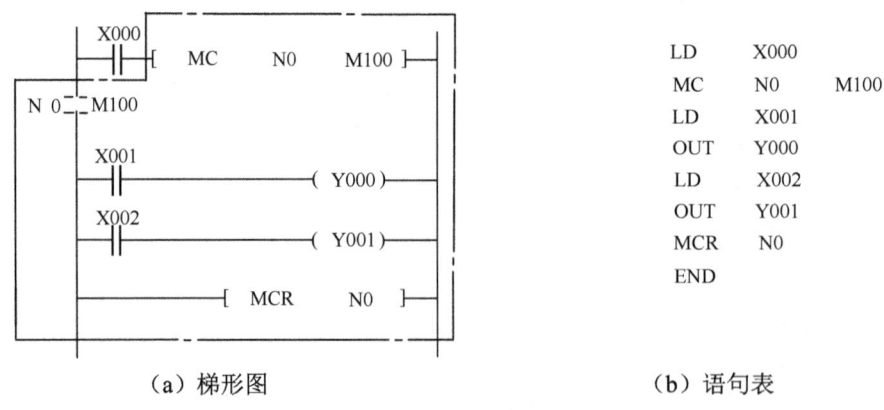

(a) 梯形图　　　　　　　　　　　(b) 语句表

图 2-30　MC、MCR 指令的应用案例

5）置位、复位指令

SET：置位指令，使动作保持。

RST：复位指令，使操作复位。

对于同一程序，SET、RST 可多次使用，顺序也可随意指定，但只有最后执行者有效。

RST 指令可使数据寄存器 D、变址寄存器 V 和 Z 的内容清零，也可使积算型定时器 T246~T255 的当前值和触点复位。

用 SET 指令使编程元件接通后，必须使用 RET 指令才能使其断开。

SET、RST 指令的应用案例如图 2-31 所示。

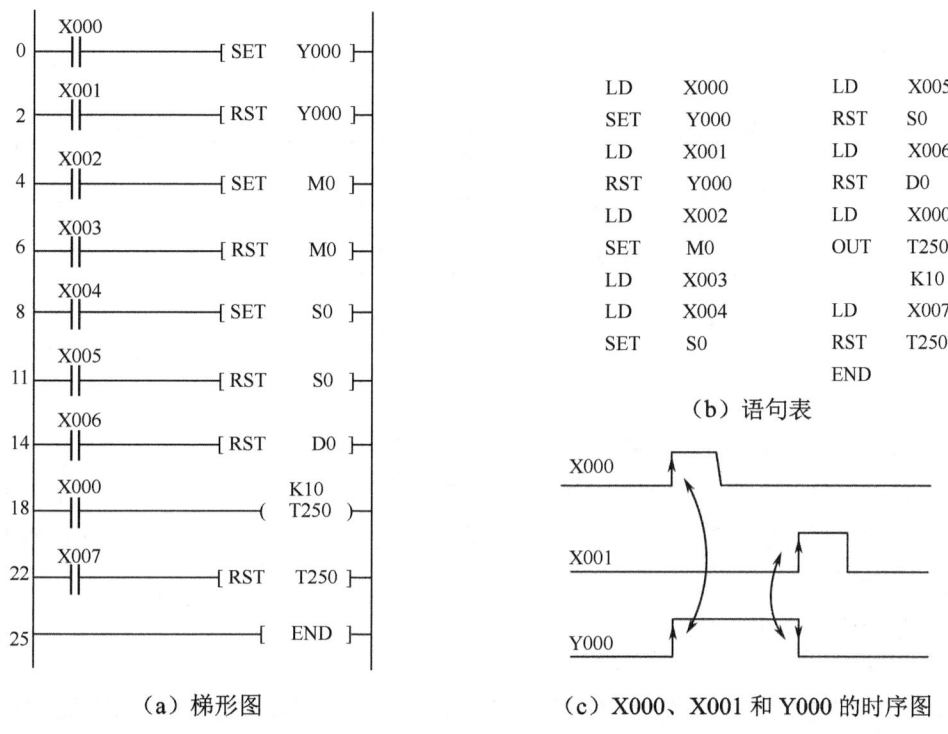

图 2-31 SET、RST 指令的应用案例

6）脉冲输出指令

脉冲输出指令，也称微分输出指令，利用辅助继电器将脉宽较宽的输入信号变成脉宽等于 PLC 扫描周期的触发脉冲信号。计数器或移位寄存器需外触发复位及移位寄存器移位时，通常会使用这种脉冲，即利用脉冲输出指令，可获得脉冲触发信号。

PLS：上升沿微分输出指令。当输入信号由 OFF 变为 ON 时，使指定的继电器接通一个扫描周期。

PLF：下降沿微分输出指令。当输入信号由 ON 变为 OFF 时，使指定的继电器接通一个扫描周期。

脉冲输出指令的应用案例如图 2-32 所示。

7）程序结束指令 END

END 指令用于程序结束，即表示程序终了。

PLC 的工作过程是反复进行输入处理、程序执行和输出处理。

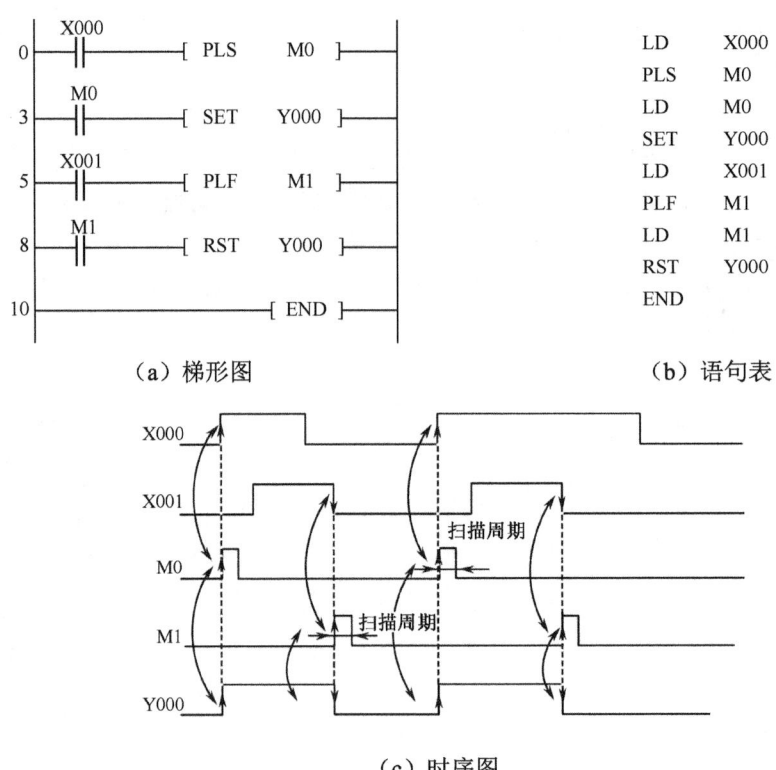

图 2-32 脉冲输出指令的应用案例

若在程序中写入 END 指令,则 END 指令以后的其余程序不再执行,直接进行输出处理。若程序中没有 END 指令,则 PLC 一直处理到最终的程序步,然后又从开始步进行重复处理,而不再进行输出处理。

8) 空操作指令 NOP

NOP 指令用于修改程序以便于调试程序,或延长扫描周期。

在编程时,预先在程序中插入一些 NOP 指令,使这些步序不起作用。在调试程序过程中,若需修改程序或增加指令,则可使步序号的更改减到最低限度。

2. PLC 的程序流向指令

PLC 指令系统除了基本逻辑指令,还包括一类具有特殊功能的指令——功能指令(应用指令)。此类指令由 PLC 制造商开发,实际上是许多功能不同的子程序。与基本逻辑指令执行一次只能完成一个特定动作不同,执行一条功能指令相当于执行了一个子程序,可以完成一系列的操作。它不包含用来表达梯形图符号之间相互关系的成分,而直接表达本指令要做什么,即在梯形图中,只要功能指令的执行条件满足,功能指令就执行相应的功能。

FX_{2N} 系列 PLC 的功能指令有 10 多种,近 100 条。这里介绍 3 条程序流向指令。

PLC 的控制程序除一般按顺序逐条执行之外,在许多工程场合还需按照控制要求改变程序的流向。用于改变程序流向的功能指令称为程序流向指令,如条件跳转指令、子程序调用和返回指令、中断指令、循环指令、主程序结束指令及监视定时器指令。

1) 条件跳转指令

CJ 或 CJP:条件跳转指令。当跳转条件成立时,跳过顺序程序的某一部分(CJ 指令与指针标号之间的程序），转到新的地址（指针标号所指示的地址）去执行程序。使用跳转指令，可以跳过一些程序段，从而减少扫描时间及使用双线圈，否则程序会按顺序全部执行。

条件跳转指令的应用案例如图 2-33 所示。当 X000 为 ON 时，从程序开始步跳转到标号 P8 所在步。当 X000 为 OFF 时，程序不执行跳转，而从开始步进行逐条顺次执行。这里，Y001 就成为双线圈（同一地址编号线圈在同一程序中出现两次）。当 X000 为 OFF 时，CJ P8 跳转条件不满足，因此不跳转，采样 X001 常开触点状态，并决定线圈 Y001 的状态；当 X000 为 ON 时，CJ P8 的跳转条件满足，因此跳转到 P8 处，P8 处的 X000 常闭触点断开，CJ P9 的跳转条件不满足，因此不跳转，采样 X012 常开触点状态并决定线圈 Y001 的状态。

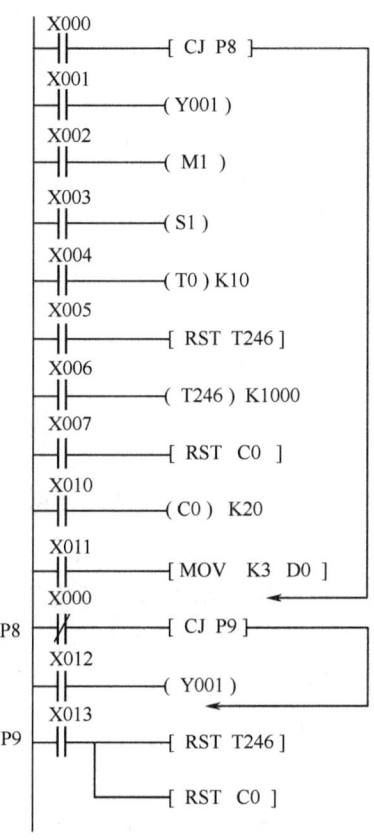

图 2-33 条件跳转指令的应用案例

使用条件跳转指令时还应注意以下三点。

① 条件跳转指令执行后，被跳过那段程序中的所有驱动条件已经没有意义了，所以该程序段内的各种继电器将保持跳转发生前的状态不变。

② 条件跳转指令可以跳转到主程序内的任何地方，也可以跳转到主程序结束指令后的任何地方，该指令可以向后跳转，也可以向前跳转。若执行条件使用 M8000，则为无条件跳转。

③ 标号是跳转的入口指示，在同一程序中只能出现一次，不能重复使用，但可重复引用，即可以从不同的地方跳转到同一标号处。

2）子程序调用与子程序返回指令

CALL：子程序调用指令，用于在一定条件下调用并执行子程序。该指令的目标操作元件是指针号 P0～P62（允许变址修改）。

SRET：子程序返回指令，无操作数。

（1）子程序与标号的位置

CALL 指令必须和 FEND、SRET 一起使用。在 PLC 编程过程中，子程序必须写在主程序之后，即子程序标号要写在主程序结束指令 FEND 后。当主程序带有多个子程序时，子程序要依次放在主程序结束指令 FEND 后，并用不同的标号相区别。同一标号只能用一次，而不同的 CALL 指令可以调用同一标号的子程序。

CALL 和 SRET 指令的应用案例如图 2-34 所示。当 X001 接通时，CALL 指令使程序跳至标号 P10 处，即执行指令 LD　X003，OUT Y001……直到 SRET 时，返回主程序断点处，继续执行主程序，即执行指令 LD　X002，OUT　Y000……

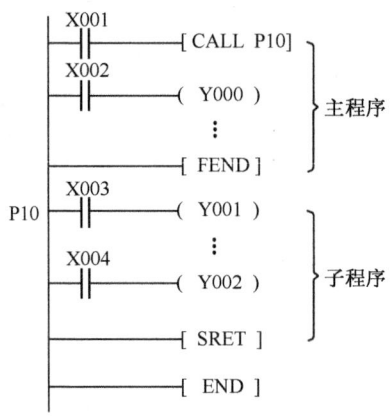

图 2-34　CALL 和 SRET 指令的应用案例

（2）子程序嵌套

在编写程序时，子程序内也可以使用 CALL 指令调用子程序，从而形成子程序的嵌套。包括第一条 CALL 指令在内，子程序嵌套层数最多为 5。

CALL 指令子程序嵌套的应用案例如图 2-35 所示。

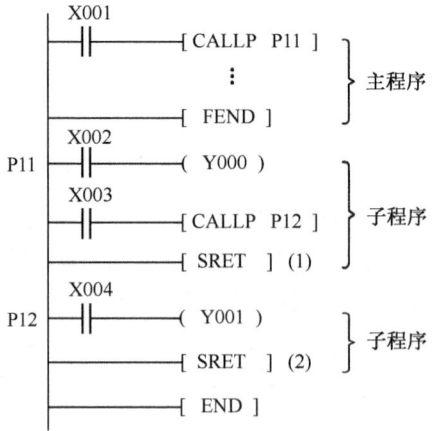

图 2-35　CALL 指令子程序嵌套的应用案例

当 X001 由 OFF 变为 ON 时，执行 CALL　P11 指令，即程序跳转到标号 P11 所指子程序。在执行 P11 所指子程序过程中，若 X003 为 ON，则执行 CALL　P12 指令，即程序执行跳转到标号 P12 所指子程序。执行完标号 P12 所指子程序后，通过子程序返回指令 SRET 返回到标号 P11 所指子程序继续执行。执行完标号 P11 所指子程序后，同样通过子程序返回指令 SRET 返回到主程序继续执行，一直执行到程序结束指令 END 为止。

3）主程序结束指令

FEND：主程序结束指令，表示主程序结束，子程序开始，无操作数。

当程序执行到 FEND 指令后，进入输入处理、输出处理及监视定时器刷新等阶段，完成以后返回到 0 步，FEND 指令的应用案例如图 2-36 所示。

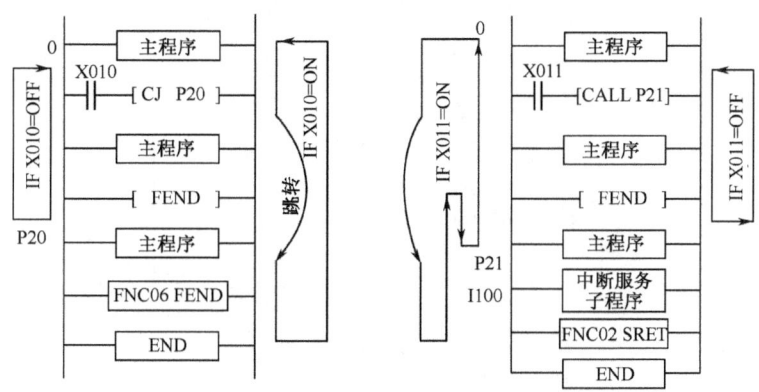

图 2-36 FEND 指令的应用案例

子程序应写在 FEND 指令后，即 CALL 指令所对应的标号（P0~P62）应写在 FEND 指令之后。CALL 指令所调用的子程序必须用 SRET 指令结束，CALL 指令所调用的中断服务子程序也必须用 IRET 指令结束。

使用多个 FEND 指令时，应在最后的 FEND 指令与 END 指令之间编写子程序或中断服务子程序。当程序中没有子程序或中断服务子程序时，也可无 FEND 指令，但程序最后必须有 END 指令。

2.2.5 PLC 控制简单实例

【例 2-1】 三相异步电动机启、停控制

三相异步电动机启、停控制是电动机的基本控制，如图 2-37 所示，SB_0 为启动按钮，SB_1 为停止按钮，KM 为交流接触器，FU 为熔断器。

其工作过程为：当按下 SB_0 时，X000 接通，Y000 线圈得电，Y000 常开辅助触点闭合（控制回路形成自锁），Y000 主触点闭合，电动机启动并连续运行；当按下 SB_1 时，X001 常闭触点断开，Y000 线圈断电，Y000 主触点断开，电动机停止运行。

【例 2-2】 三相异步电动机正、反转控制

三相异步电动机正、反转控制如图 2-38 所示，SB_2、SB_3 为正、反向启动按钮，SB_1 为停止按钮，KM_1、KM_2 为正、反向接触器。

三相异步电动机的正、反转是通过正、反向接触器改变定子绕组的相序来实现的。这就要求在任何时候、任何条件下正、反向接触器都不能同时接通。因此在梯形图中，一方面采用正、反转按钮互锁关系（将动断触点 X001 串入输出继电器 Y001 的驱动回路，将动断触点 X002 串入输出继电器 Y000 的驱动回路），另一方面采取正、反向接触器互锁关系（将动断触点 Y000 串入输出继电器 Y001 的驱动回路，将动断触点 Y001 串入输出继电器 Y000 的驱动回路）。

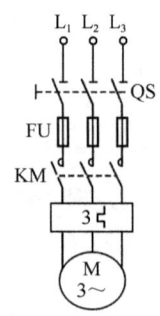

（a）主电路

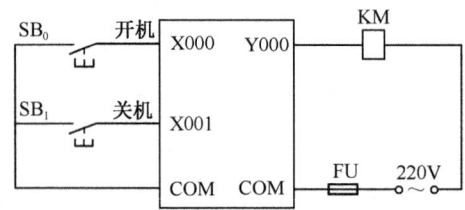

（b）外部接线

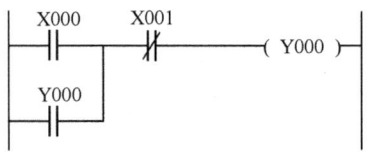

（c）梯形图

```
LD    X000
OR    Y000
ANI   X001
OUT   Y000
END
```

（d）语句表

图 2-37　三相异步电动机启、停控制

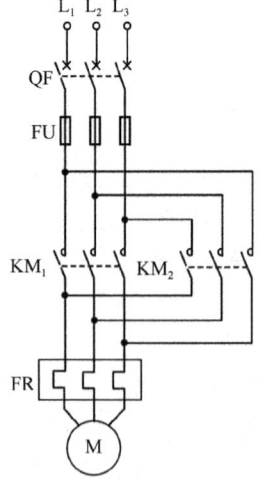

（a）主电路

图 2-38　三相异步电动机正、反转控制

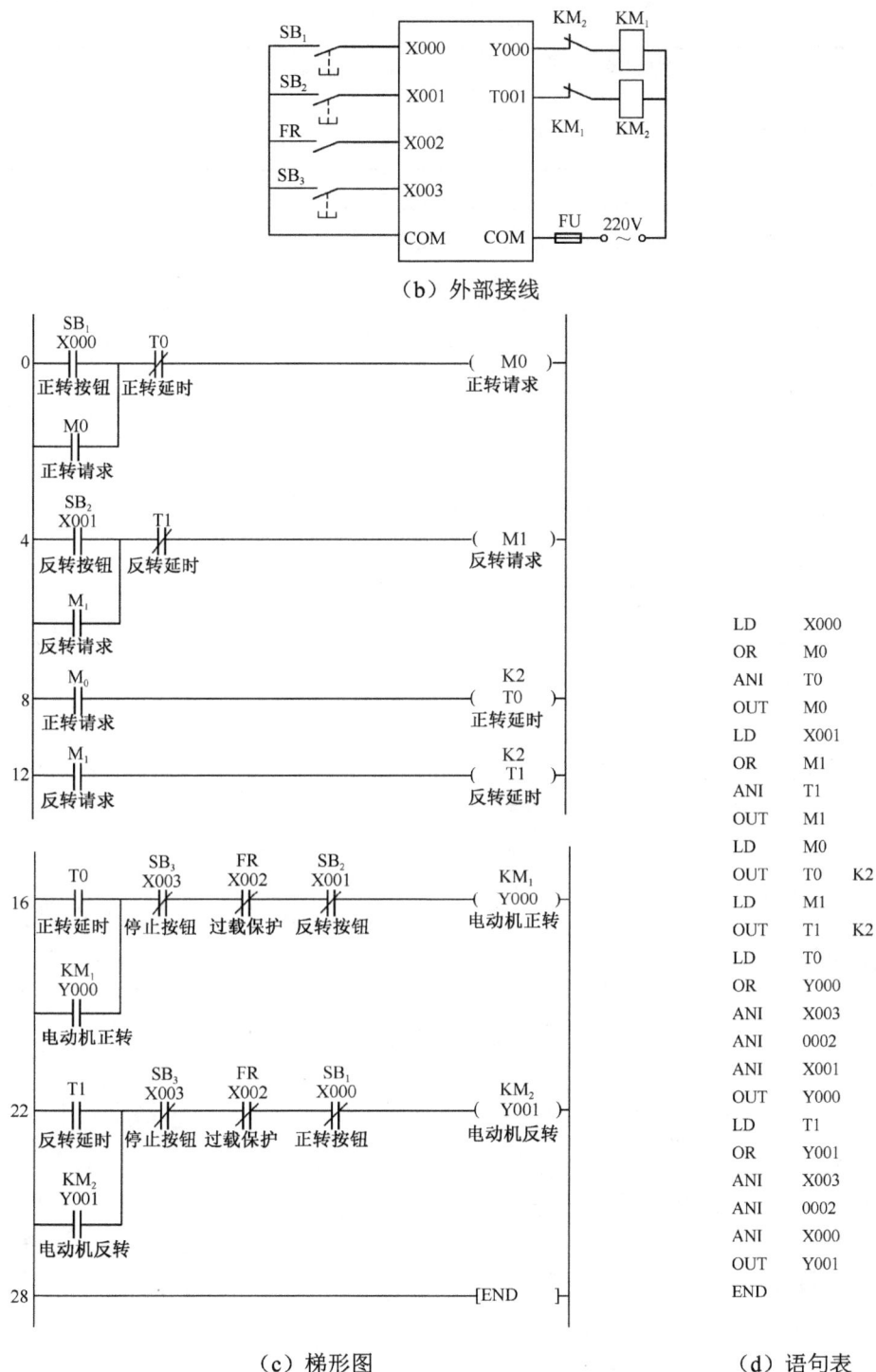

（b）外部接线

（c）梯形图　　　　　　　　　　　　　　　（d）语句表

图 2-38　三相异步电动机正、反转控制（续）

任务实施

在借鉴例 2-1 和例 2-2 的基础上，设计用 PLC 实现三相异步电动机 Y-△ 的启动控制。按照表 2-5 所示的工作计划进行。

表 2-5　工作计划表

步骤	工作内容	实施时间（小时）	完成情况
1	主电路的设计		
2	PLC 外部接线设计		
3	梯形图设计		
4	语句表设计		

1. 主电路设计。

2. PLC 外部接线设计。

3. 梯形图设计。

4. 语句表设计。

任务 2.3　PLC 控制系统的应用设计

任务引入

在熟悉 PLC 的基本结构和工作原理，掌握指令系统和简单编程后，就可以将 PLC 应用于实际控制系统中，完成 PLC 控制系统的应用设计。所谓应用设计，就是设计以 PLC 为主要控制器的控制系统，经过安装调试，实现对生产机械和生产过程的实际控制。

PLC 控制系统设计包括三个重要环节。

第一步，通过对控制任务的分析，确定控制系统的总体方案。

第二步，根据控制要求确定硬件构成方案。

第三步，设计出满足控制要求的应用程序。要想顺利地完成 PLC 控制系统的应用设计，需要不断地学习和实践。

任务目标

（1）了解 PLC 控制系统设计的步骤。

（2）熟悉 PLC 控制系统的硬件设计（硬件配置）。

（3）掌握 PLC 控制系统的软件设计（程序设计）。

相关知识

2.3.1　PLC 控制系统设计的步骤

用 PLC 完成对生产过程的控制，可采用如图 2-39 所示的 PLC 控制系统设计流程进行。

1．熟悉控制对象，明确设计任务

熟悉控制对象的工作过程，了解运动部件并分析其动作内容，必要时绘制出工作循环图或工艺流程图。

2．制订控制系统方案

根据生产工艺和机械运动的控制要求，确定控制系统的工作方式，如：选择全自动还是半自动或手动控制方式；选择单机控制系统还是多机控制系统；选择多机控制系统时，选择集中控制系统还是分散控制系统。同时，确定系统应有的其他辅助功能，如故障情况的处理、紧急情况的处理、管理功能及联网通信功能等。

3．确定输入、输出设备

根据被控制对象对 PLC 控制系统的功能要求，确定系统所需的用户输入、输出设备，据此可确定 PLC 的 I/O 点数。

常用的输入设备有按钮、选择开关、行程开关及传感器等；常用的输出设备有继电器、结束器、指示灯及电磁阀等。

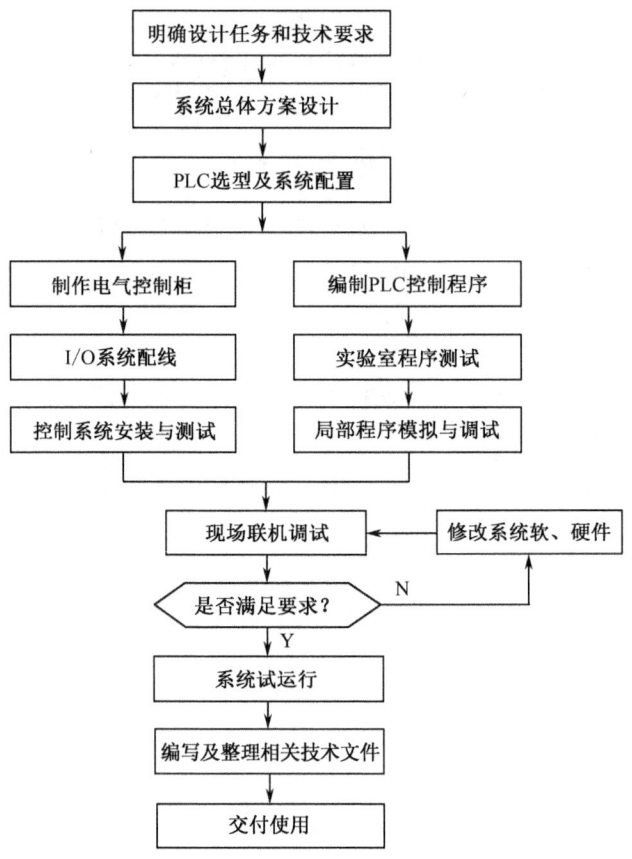

图 2-39 PLC 控制系统设计流程

4．选择合适的 PLC 类型

根据已确定的用户 I/O 设备，统计所有的输入、输出信号的点数，选择合适的 PLC 类型，包括机型大小的选择、容量选择、I/O 模块的选择、电源模块的选择等。

5．分配 I/O 点，列出 I/O 分配表

根据生产设备现场需要，分配 PLC 的 I/O 点，编制输入、输出分配表（地址表）或绘制输入、输出安装接线图。

6．编制控制程序

根据工艺流程，结合 I/O 分配表和安装接线图，编写控制程序。这个步骤是整个应用系统设计的核心。

7．模拟调试

模拟调试是指 PLC 在不使用输出设备（如接触器、电磁阀等）时进行调试。

调试时，用开关或按钮组成的模拟输入器模拟输入信号，用指示灯来模拟输出设备，然后执行程序。再按照工艺和控制系统要求，人为地发出输入信号，观察相应指示灯的指示是否正确，从而判断程序是否正确。

8．设计制作电气控制柜

设计制作电气控制柜的工作程序包括设计电气控制原理图、电气元件布置图和电气安装接线图，并依据图纸进行安装、接线和测试。设计制作电气控制柜需设计制作的电路包括供电电路、主电路、PLC 的输入和输出电路以及其他辅助电路。

9．联机调试

在 PLC 的软硬件设计及调试和控制柜的现场施工完成后，就可以进行整个系统的联机调试。如果控制系统由几部分组成，就可先分块调试，再整体调试；如果控制程序步序较多，就可先分段调试，再总体调试。

10．编写技术文件

系统调试好后，应根据调试的最终结果，整理出完整的控制系统技术文件。控制系统技术文件包括说明书、电气控制原理图、电气元件布置图、电气安装接线图、电气元件明细表和用户程序手册等。

2.3.2 PLC 控制系统的程序设计

用 PLC 控制机械或生产过程，是在 PLC 运行模式下工作，通过主机的不断循环扫描并执行用户程序来实现的。可以说，用户程序基本决定了控制系统的功能。因此，程序设计是 PLC 控制系统的应用设计中最关键的环节。

控制系统程序设计没有统一的标准。好的用户程序应在满足控制功能要求的前提下，尽量做到程序较短、结构清晰并易懂，并在必要的地方加注释或辅助说明。

程序设计的方法多种多样。如果控制系统是对原有成熟的继电—接触器控制系统进行改造而来的，就可由继电—接触器控制电路直接转化为梯形图语言。新建的控制系统如果是小型系统，可以直接设计程序，这种方法称为经验法，而对动作复杂的大型控制系统中的程序设计可用逻辑法、时序法、顺序功能图法等方法。本项目主要介绍顺序功能图法。另外，不少电气控制系统需要具备多种工作模式，如既能自动控制又能手动控制等，因此，本项目还将介绍具有多种工作模式控制系统的编程方法。

1．顺序功能图法

对于那些按动作先后顺序进行控制的系统，非常适宜使用顺序功能图法。用顺序功能图法编写的程序规律性很强，虽然程序偏长但结构清晰，可读性好。

1）顺序功能图概述

在使用顺序功能图（简称功能图）法时，绘制功能图是很关键的一步。功能图能清楚地表现出系统每个工作步的功能、步与步之间的转换顺序和转换条件。

（1）功能图的组成

以控制系统为例，来说明功能图的组成。

某动力头的运动状态有 3 种，快进、工进和快退。各种状态的转换条件为，快进到一定位置时压下限位开关 ST_1，转为工进，工进到一定位置时压下行程开关 ST_2，转为快退，退回到原位压下行程开关 ST_3，动力头自动停止运行。动力头控制功能图如图 2-40 所示。

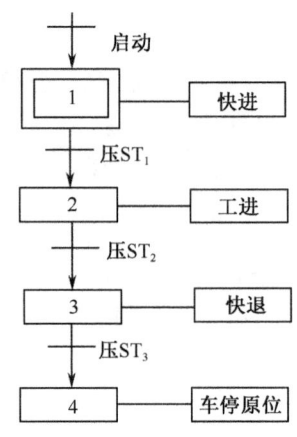

图 2-40 动力头控制功能图

功能图由步、有向连线、转换条件和动作内容组成。用矩形框表示各步，矩形框内数字表示步的编号，初步用双线框，每步的动作内容放在旁边的框中。步与步之间用有向线段相连，箭头表示步的转换方向。步与步之间的短横线表示转换条件。正在执行的步叫活动步，当前步为活动步且满足转换条件时，将启动下一步并终止前一步的执行。

（2）功能图的类型

功能图从结构上分，可分为单序列结构、选择序列结构和并行序列结构 3 种。

① 单序列结构。单序列结构见图 2-40，没有分支，每步后只有一步，步与步之间只有一个转换条件。

② 选择序列结构。选择序列结构如图 2-41 所示，其序列的开始称为分支，如步 1 之后有 3 个分支，各分支不能同时执行。若已选择了转向某分支，则不允许另外几个分支的首步成为活动步，所以应使各选择分支之间互锁。选择序列的结束称为合并。分支的最后一步称为合并步，当满足转换条件时，都要转换到合并步，如图 2-41 中的步 5。

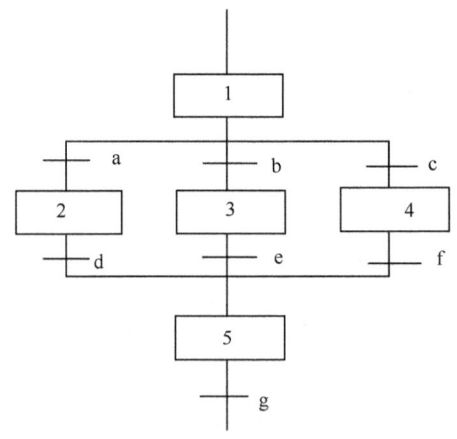

图 2-41 选择序列结构

③ 并行序列结构。并行序列的开始也叫分支，为了区别于选择序列结构的功能图，用双线表示分支的开始，转换条件放在双划线之上。并行序列结构如图 2-42 所示，步 1 之后有 3 个并行分支，当步 1 为活动步且满足条件 a 时，步 2、3、4 同时被激活变为活动步，而步 1 变为不活动步。

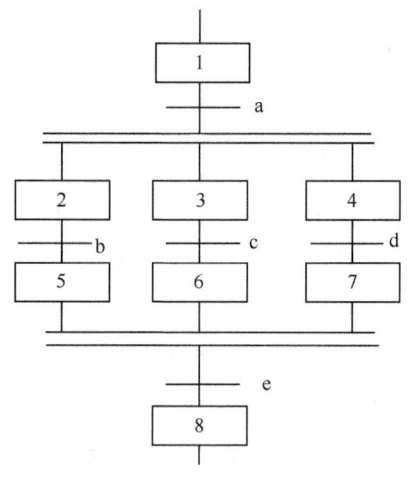

图 2-42　并行序列结构

并行序列的结束称为合并，用双线表示，转换条件放在双线之下。当各平行序列的最后一步都成为活动步且满足转换条件时，将同时转换到合并步，且各平行序列的最后一步都变为不活动步。图 2-42 中的步 5、6、7 都成为活动步且满足条件 e 时，将同时转换到步 8，而步 5、6、7 同时都变成不活动步。

2）由功能图向梯形图转换

由功能图可以看出，一个复杂的控制系统由若干步组成。系统的控制任务可以认为在不同时刻或不同的进程中去完成对每步的控制。每一步可以设置一个控制位，当某步的控制位为 ON 时，该步成为活动步，同时与该活动步对应的程序开始执行；当满足转换条件时，下一步的控制位为 ON，而上一步的控制位变为 OFF，且上一步对应的程序停止执行。显然，只要在顺序上相邻的控制位之间进行联锁，就可以实现这种步进控制。

由功能图向梯形图转换的方法有很多，我们主要学习启、保、停电路法和步进指令法两种方法。

（1）启、保、停电路法

启、保、停电路法仅使用与触点和线圈有关的通用逻辑指令，各种型号的 PLC 都有这类指令，所以这是一种通用的编程方法，适用于任何型号的 PLC。

如果用 PLC 中的通用辅助继电器 M 来表示功能图中的步，用启、保、停电路来描述功能图中步以及步与步之间的逻辑关系，就形成如图 2-43 所示的步程序结构梯形图，线圈 M_i、M_{i+1}、M_{i+2} 等是各步的控制位，C_i、C_{i+1}、C_{i+2} 是各步的转换条件。由上述分析可知，某一步成为活动步的条件为，前一步是活动步且满足转换条件，所以常开触点 M_{i-1} 和 C_i 以及 M_i 和 C_{i+1} 相串联，会作为步启动的条件。由于转换条件是短信号，因此每步要加自锁。当后一步成为活动步时，前一步变为不活动步，所以图中将常闭触点 M_{i+1} 和 M_{i+2} 与前一步的控制线圈串联。当某一步成为活动步时，其控制位为 ON，这个 ON 信号可以控制输出继电器，以实现相应的控制，如图中的 B1、B2。

如图 2-44 所示的功能图实例，总体上是并行的，其中包括 1 个单序列和 1 个选择序列。下面以该图为例，使用启、保、停电路法来完成由功能图向梯形图转换。

① 步 M0。该步为初始步，它是前面两个选择分支的合并步。因此，使步 M0 成为活动步需要 X000 为 ON 或步 M8 为活动步且 M501 为 ON。当步 M1 和 M4 成为活动步时，步 M0 变

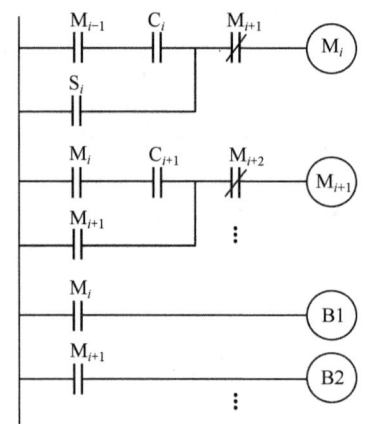

图 2-43 步程序结构梯形图

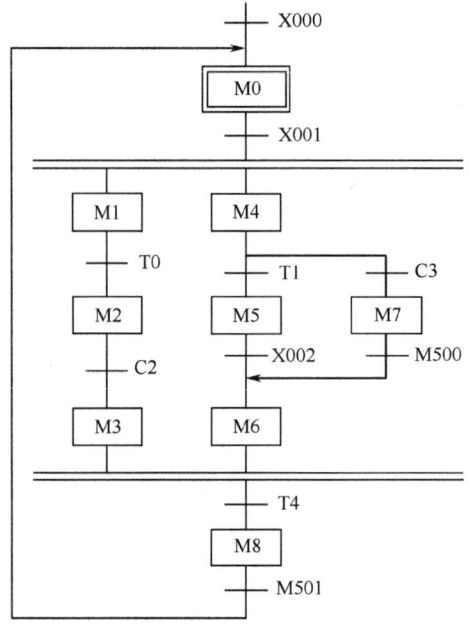

图 2-44 功能图实例

为不活动步。所以，把常闭触点 M1 或 M4 与步 M0 的控制线圈串联，再加上本位自锁，绘制出的梯形图如图 2-45（a）所示。

② 步 M1、M2 和 M3。步 M1 是单序列的开始步，成为活动步需要步 M0 成为活动步且转换条件 X001 为 ON。当步 M2 成为活动步时，步 M1 变为不活动步，所以把常闭触点 M2 与步 M1 的线圈串联，再加上本位自锁，绘制出的梯形图如图 2-45（b）所示。

③ 步 M4。步 M4 是选择序列的开始，后续是两个选择分支。步 M4 的梯形图与步 M1 相似，但其线圈要与常闭触点 M5 和 M7 串联。这是因为，无论选择哪个分支，即不论步 M5 还是步 M7 成为活动步，步 M4 都要成为不活动步。绘制出的梯形图如图 2-45（c）所示。

④ 步 M5 和步 M7。步 M5 的梯形图如图 2-45（d）所示。线圈 M5 与常闭触点 M6 和 M7 串联，如果步 M7 已经成为活动步，即使步 M5 的条件满足也不会成为活动步，从而实现了步 M5 与步 M7 之间（两个选择分支之间）的联锁。步 M7 的梯形图与步 M5 相似，只是其转换条件是 M4 和 C3 的串联，其线圈要与常闭触点 M6 和 M5 相串联。

⑤ 步 M6。步 M6 是选择分支的合并步。步 M6 成为活动步需要步 M5 为活动步且 X002 为 ON，或 M7 为活动步且 M500 为 ON。这两个条件的关系是"或"。当 M8 为活动步时，步 M6 要变成不活动步，所以 M6 的线圈要与常闭触点 M8 串联。绘制出的梯形图如图 2-45（e）所示。

⑥ 步 M8。步 M8 是并行序列的合并步，成为活动步需要步 M3 和步 M6 均为活动步，且 T4 为 ON。这三个条件的关系是"与"。当 M0 成为活动步时，步 M8 变为不活动步，因此步 M8 的线圈要与常闭触点 M0 串联。绘制出的梯形图如图 2-45（f）所示。

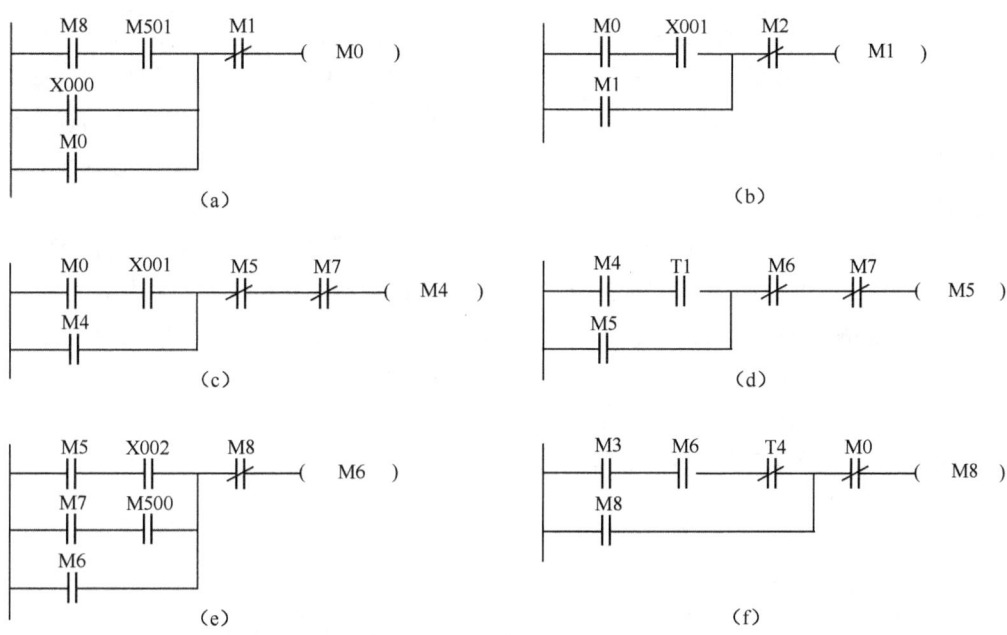

图 2-45 对应图 2-44 各步的梯形图

（2）步进指令（STL）法

顺序控制，也称步进控制，如果用三菱 PLC 的状态继电器 S 来表示功能图中的步，再结合三菱 PLC 用于顺序控制的专用指令，也能容易地将功能图转化为梯形图，此梯形图称为步进梯形图。

步进梯形图的专用指令，简称步进指令（STL）。FX 系列 PLC 还有一条使 STL 指令复位的 RET 指令。使用这两条指令可以方便地编制顺序控制梯形图程序。

STL：步进指令，表示步进梯形图的开始。

RET：步进结束指令，表示步进梯形图的结束。

STL 只有与状态继电器 S 配合使用才具有步进功能。S0～S9 用于初始步，S10～S19 用于自动返回原点。使用 STL 指令的状态继电器的动合触点称为 STL 触点，用符号 |STL| 表示。

功能图与梯形图之间的关系如图 2-46 所示。用状态继电器表示功能图的各步，每一步都具有负载的驱动处理、指定转换条件和指定转换目标三种功能。

图 2-46 中 STL 指令的执行过程如下：当步 S20 为活动步时，S20 的 STL 触点接通，负载 Y002 输出。如果满足转换条件 X001，后续步 S21 被置位而变成活动步，同时前一步 S20 自动断开或变成不活动步，输出 Y002 也断开。

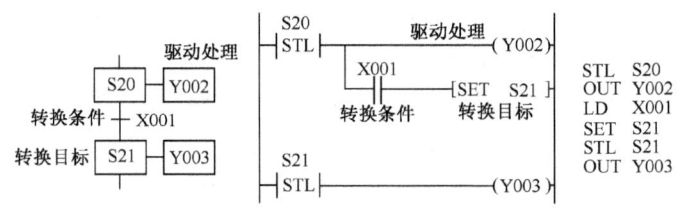

图 2-46 功能图与梯形图之间的关系

STL 触点一般与左母线直接相连，当某步为活动步时，其对应的 STL 触点接通，与其相连的电路被执行，直到其后续步被激活。具体地，当某 STL 触点闭合后，该步的负载线圈被驱动，这时，若该步的下一步的转换条件满足，则转换得以实现，即下一步对应的状态继电器被 SET 或 OUT 指令置位，下一步成为活动步，同时与原活动步对应的状态继电器被系统程序自动复位，原活动步对应的 STL 触点断开。

在主机状态开关由 STOP 状态切换到 RUN 状态时，可用初始化脉冲 M8002 将初始状态继电器 S0 置为 ON，可用区间复位指令（ZRST）将除初始步外的其他各步的状态继电器复位。

由于功能图的顺序执行功能特性，使用 STL 指令后，需要将程序返回，以实现程序的循环执行，这就用到了 RET 指令。STL 指令与 RET 指令不需要成对使用，只需在全部 STL 电路结束时，在程序中写入 RET 指令即可。

用步进指令编写的程序实例如图 2-47 所示。

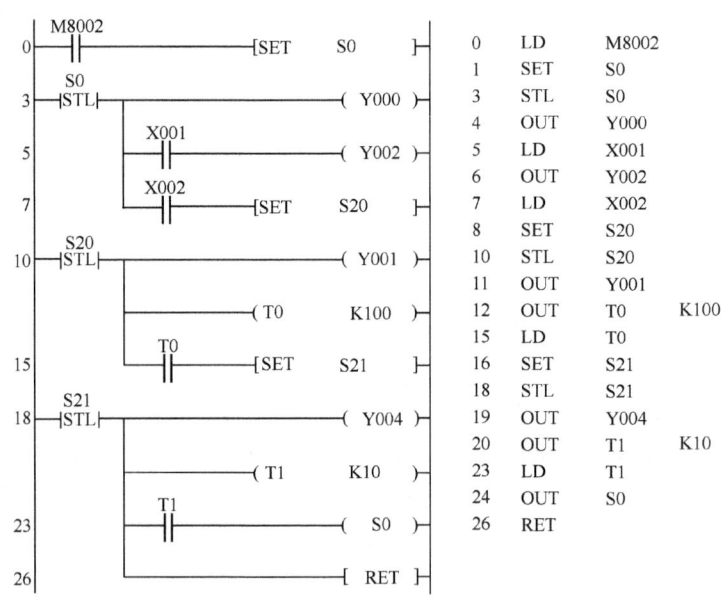

图 2-47 使用步进指令编写的程序实例

3）顺序功能图法实例

用顺序功能图法的基本步骤如下。

① 分析控制要求，将控制过程分成若干工作步，明确每个工作步的功能，弄清步的转换是单向进行的（单序列结构）还是多向进行的（选择序列或并行序列结构），确定步的转换条件（可能是多个信号的"与""或"等的逻辑组合）。必要时绘制一个工作流程图，这对理顺整个控制过程的进程及分析各步的相互联系有很大作用。

② 为每步设定控制位。控制位最好使用同一个通道的若干连续位。若用定时器或计数器的输出作为转换条件，则应确定各定时器或计数器的编号和设定值。

③ 确定所需 I/O 点的个数，选择 PLC 机型，进行 I/O 点分配。

④ 在前两步的基础上，绘制出功能图。

⑤ 根据功能图绘制出梯形图。

⑥ 添加某些特殊要求的程序。

下面举例说明利用顺序功能图法编写应用程序的方法。

【例 2-3】 某电液控制系统中有两个动力头，工作流程图如图 2-48 所示。

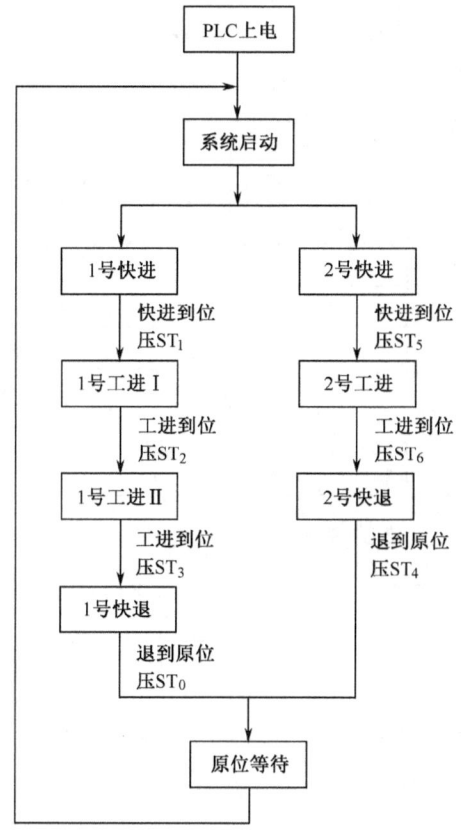

图 2-48 例 2-3 工作流程图

其控制要求如下。

① 系统启动后，两个动力头便同时开始按流程图中的工作步顺序运行。从它们都退回原位开始延时 10s 后，开始进入下一个循环运行。

② 若断开控制开关，各动力头必须将当前的运行过程结束（即退回原位）后才能自动停止运行。

③ 1 号和 2 号动力头的运行状态取决于电磁阀线圈的通电、断电，如表 2-6 和表 2-7 所示，"+"表示该电磁阀的线圈通电，"-"表示该电磁阀的线圈断电。

由工作流程图可知各动力头的工作步数和转换条件，且每个动力头的步与步之间的转换是单向进行的，最后转换到同一步上。两个动力头退回原位时存在时间差，所以需要设置原位等待。这样，只有两个动力头都退回到原位时，定时器才开始计时，从而确保两个动力头同时

表 2-6 1 号动力头

动作	YV1	YV2	YV3	YV4
快进	−	+	+	−
工进Ⅰ	+	+	−	−
工进Ⅱ	−	+	+	+
快退	+	−	+	−

表 2-7 2 号动力头

动作	YV5	YV6	YV7
快进	−	+	−
工进	+	−	+
快退	−	+	+

进入下一个循环运行。因此，绘制两个动力头的控制过程功能图时，应该绘制成并行序列结构。

由工作流程图可以看出，本例需要 1 个启/停控制开关和 7 个限位开关，它们是 PLC 的输入元件。由表 2-6 和表 2-7 可知，需要 7 个电磁阀，它们是 PLC 的输出执行元件。

如果选择机型为 CPM1A，那么 I/O 点分配如表 2-8 所示。

表 2-8 I/O 点分配

输 入		输 出	
系统启动控制开关	00000	电磁阀 YV1 线圈	01001
1 号动力头原位限位 ST0	00100	电磁阀 YV2 线圈	01002
1 号动力头快进限位 ST1	00101	电磁阀 YV3 线圈	01003
1 号动力头工进Ⅰ限位 ST2	00102	电磁阀 YV4 线圈	01004
1 号动力头工进Ⅱ限位 ST3	00103	电磁阀 YV5 线圈	01005
2 号动力头原位限位 ST4	00104	电磁阀 YV6 线圈	01006
2 号动力头快进限位 ST5	00105	电磁阀 YV7 线圈	01007
2 号动力头工进限位 ST6	00106		

利用输出通道中定义的各工步的控制位，绘制出的功能图如图 2-49 所示。

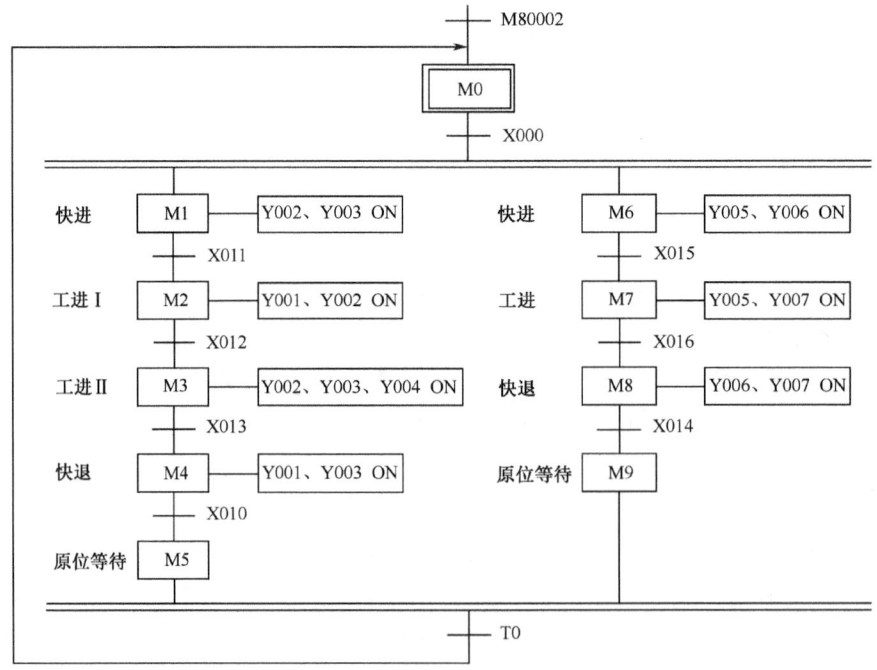

图 2-49 例 2-3 功能图

根据图 2-49，按照前面介绍的方法容易绘制出各步的梯形图。

再根据各步应该接通的电磁阀线圈号，确定对应各步的电磁阀线圈的置位和复位状态，可以绘制出如图 2-50 所示的梯形图。

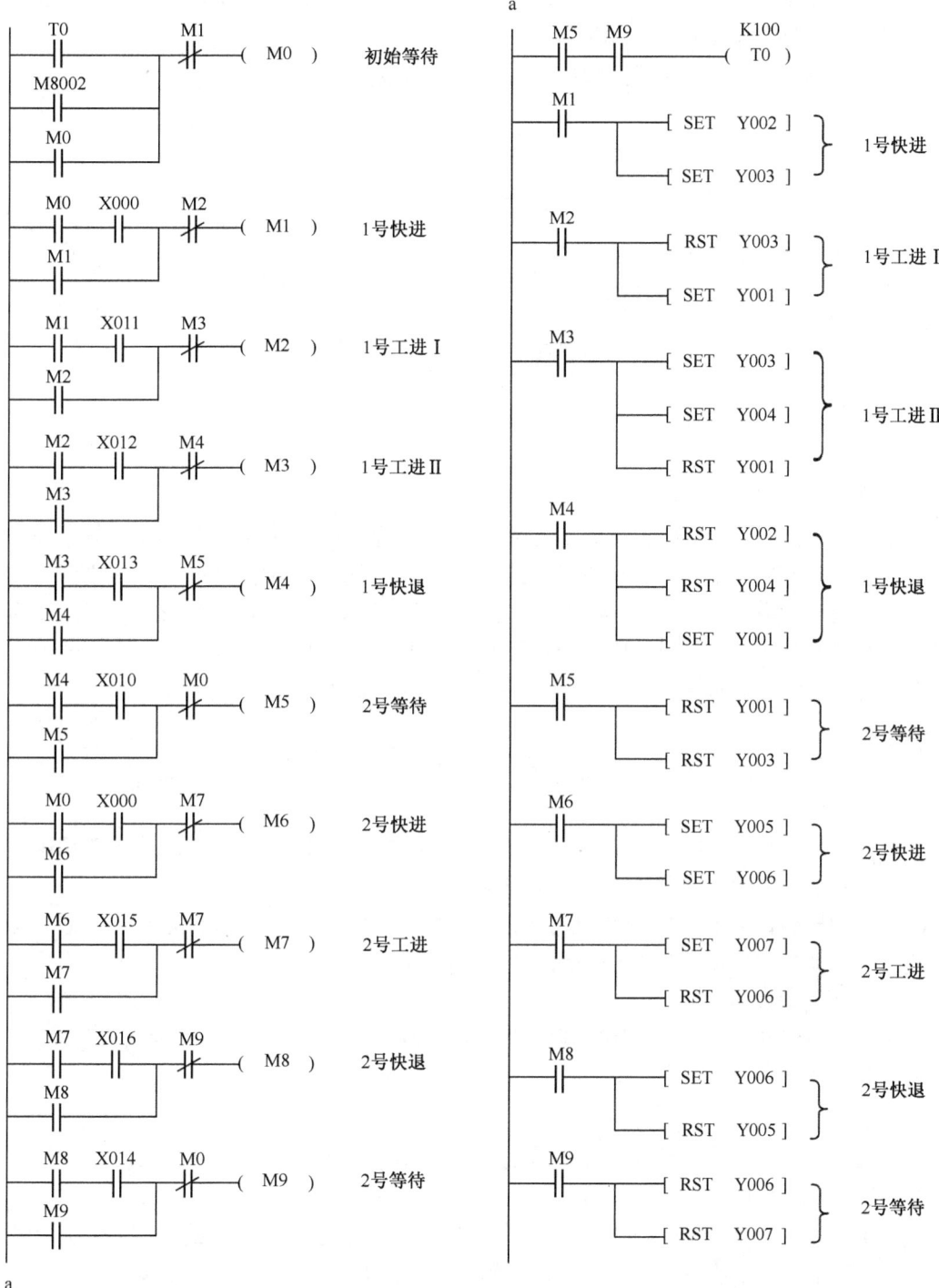

图 2-50 例 2-3 梯形图

2．具有多种工作方式的编程方法

为了满足生产的需要，很多工业设备要求具备多种工作方式，如手动和自动工作方式，自动方式又可细分为连续、单周期、单步和自动返回初始状态等工作方式。如何实现多种工作方式并将它们融入程序，是程序设计的难点之一。下面以某机械手的控制程序设计为例，说明具有多种工作方式的控制程序的总体结构及要求。

某机械手用于将工件从 A 点搬到 B 点，其工作过程如图 2-51 所示。

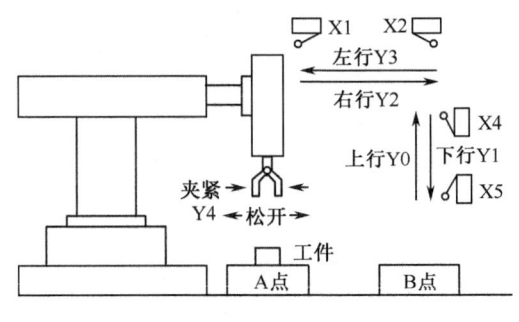

图 2-51　机械手工作过程

1) 机械手的工作方式

（1）单周期方式

机械手在原位。按一次启动按钮，机械手下降，下降到位后停止；机械手夹紧，夹住 A 点工位上的工件并保持一定时间；保持时间到，机械手上升，上升到位后停止；机械手右移，右移到位后停止；机械手下降，下降到位后停止；机械手放松，将工件放在 B 点工位上并保持一定时间；机械手上升，上升到位后停止；机械手左移，左移到位后停止。至此，一个周期的动作结束，机械手回到原点，再按一次启动按钮，机械手进入下一个周期的运行。

（2）连续方式

启动后，机械手反复运行上述每个周期的动作过程，即周期性连续运行。

（3）单步方式

每按一次启动按钮，机械手完成一个工作步。如按一次操作按钮，机械手开始下降，下降到位后自行停止，欲使之运行下一步，必须再按一次启动按钮。

注意，如果想按以上 3 种工作方式运行，机械手运行之前必须处于初始状态（原点）。所谓初始状态，就是指机械手处在最上面、最左边的位置且处于放松状态。

（4）回原点方式

突然停电或紧急停止时，机械手中止运行并停留在某工作步上，按一次启动按钮，机械手自行返回到原位处。

（5）手动方式

按下某动作按钮，机械手执行某动作；松开某动作按钮，机械手停止某动作。

2) 操作面板设计

机械手需具备 5 种工作方式，所以要在操作面板上设置一个 5 档的选择开关，如图 2-52 所示。机械手工作在手动方式时，每个动作的执行都需要一个启动按钮，故在操作面板上设置 6 个动作按钮。机械手工作在自动运行方式时，需要 1 个启动按钮和 1 个停止按钮，故在操作面板上设置 1 个启动按钮和 1 个停止按钮。

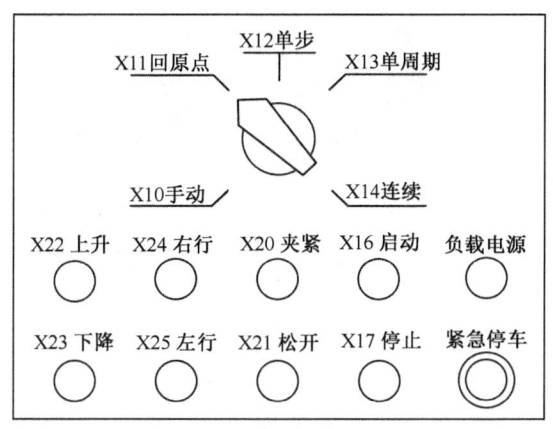

图 2-52 机械手操作面板

除此之外，为了保证在紧急情况下能可靠地切断 PLC 的负载电源，在 PLC 的输出电路上设置了交流接触器 KM，机械手 PLC 控制外部接线如图 2-53 所示。这样，在 PLC 运行时，按下"负载电源"按钮，使 KM 线圈得电并自锁，KM 的主触点接通，为外部负载提供交流电源；在出现紧急情况时，按下"紧急停车"按钮，及时切断外部负载电源，以避免事故的发生。因此，在操作面板上，设置 1 个"负载电源"按钮和 1 个"紧急停车"按钮。

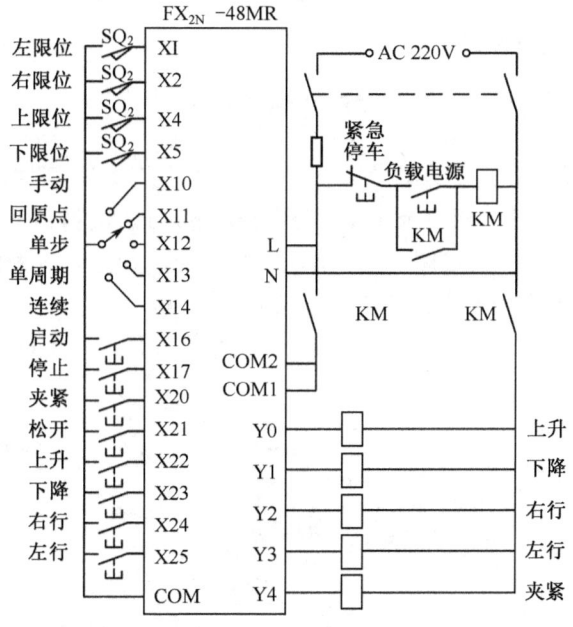

图 2-53 机械手 PLC 控制外部接线

3）I/O 分配及外部接线

I/O 信号点数的统计、PLC 机型的选择、I/O 的地址分配及 PLC 外部接线如图 2-53 所示。

4）程序总体结构

机械手 PLC 控制系统的程序总体结构如图 2-54 所示。

程序的总体结构分为公用程序（主程序）、手动程序、自动程序和回原点程序。公用程序用于手动程序、自动程序及回原点程序之间的切换，并采用子程序调用（CALL）指令和子程

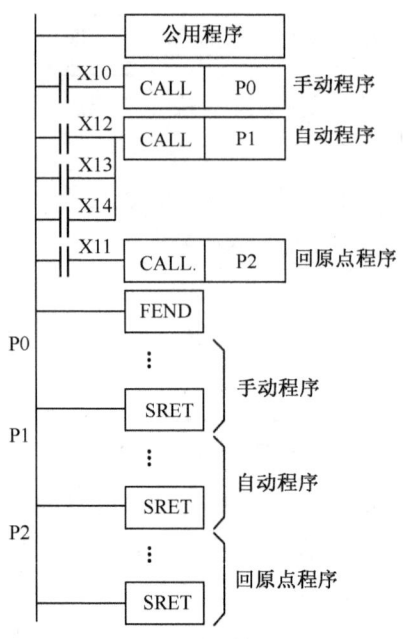

图 2-54 机械手 PLC 控制系统的程序总体结构

序返回（SRET）指令切换；自动程序包含了单周期、连续和单步 3 种工作方式，三者之间通过选择开关各触点的逻辑组合实现切换。

任务实施

传送工件的某机械手工作示意图如图 2-55 所示，其任务是将工件从传送带 A 搬运到传送带 B。按下启动按钮后，传送带开始运行，直到光电开关 PS 检测到工件才停止，同时机械手下降；下降到位后，机械手夹紧工件，过 2s 后开始上升，且上升过程中机械手保持夹紧；上升到位后左转，左转到位后下降，下降到位后松开，过 2s 后机械手上升；上升到位后，传送带 B 开始运行，同时机械手右转，右转到位后，传送带 B 停止。此时，传送带 A 再次运行，机械手进入下个循环。

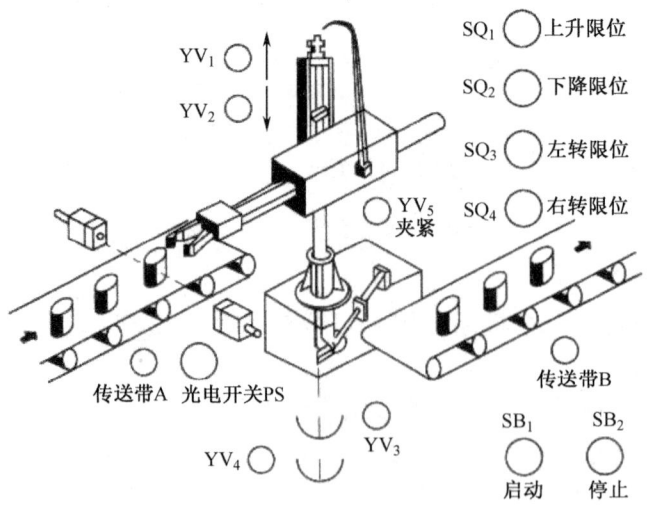

图 2-55 机械手控制示意图

机械手的上升/下降、左转/右转、夹紧/放松都由气缸驱动。气缸的动作由电磁阀控制，其中，上升/下降、左转/右转分别由双线圈电磁阀控制，而夹紧/放松由单线圈电磁阀控制。YV_1、YV_2、YV_3、YV_4、YV_5分别为机械手的上升、下降、左转、右转和夹紧的电磁阀，SQ_2、SQ_1、SQ_3、SQ_4分别为机械手下降、上升、左转、右转时的极限保护开关。光电开关 PS 负责检测传送带 A 上的工件是否到位。物体到位后机械手才能动作。

控制系统工作方式要求具有手动和自动工作方式。自动工作方式又包含连续、单周期、单步和自动返回初始状态（原位）四种。

初始状态（原位）设定：机械手手臂处在上升限位、右转限位位置，手抓处在松开状态。

任务要求：用 PLC 实现对机械手的控制。

按照表 2-9 所示的工作计划表进行。

表 2-9 工作计划表

步骤	工作内容	实施时间（小时）	完成情况
1	控制任务分析		
2	建立 I/O 分配表		
2	画出 PLC 外部接线图		
3	设计功能图		
4	将功能图转化为梯形图		
5	将梯形图转化为语句表		

1．控制任务分析。

2．按表 2-10 所示，建立 I/O 分配表。

表 2-10 I/O 分配表

输 入		输 出	

3. 绘制出 PLC 外部接线图。

4. 设计功能图。

5. 绘制出梯形图。

6. 写出语句表。

项目 3

变频驱动（调速）系统的构建与调试

任务 3.1　认识变频器

任务引入

在过去，直流调速在性能上一直优于交流调速，一些对调速性能要求高的场合大都采用直流调速。随着电力电子器件和微机技术的发展，交流变频调速技术已得到应用。采用交流变频调速时，操作者只要通过设置必要的参数，变频器就能控制电动机，使其按人们预想的运行曲线运行。同时，由于高电压、大电流电力电子器件的出现，人们已经能够对 10 kV 以上的电动机进行变频调速，以达到节能的目的。由于变频器的应用日益广泛，因此认识变频器并掌握变频器的使用显得至关重要。

任务目标

1. 了解变频器的基本构造及工作原理。
2. 能够正确拆装变频器。
3. 完成变频器与三相电源、变频器与三相异步电动机之间的导线连接。

相关知识

变频器是把工频电源（50 Hz 或 60 Hz）变换成各种频率的交流电源，以实现电动机变速运行的设备。

3.1.1　变频器的结构及工作原理

变频器由主电路和控制电路组成，其基本结构如图 3-1 所示。

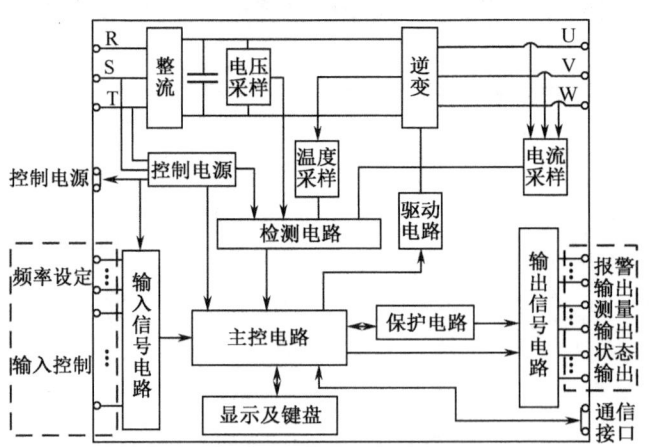

图 3-1　变频器的基本结构

主电路包括整流电路、直流中间电路和逆变电路三部分。
控制电路由运算电路、检测电路、控制信号的输入/输出电路和驱动电路组成。

1. 主电路

1）整流电路

整流电路的主要作用是把三相（或单相）交流电转变成直流电，为逆变电路提供所需的直流电源。如图 3-2 所示为交流—直流—交流变频器主电路，变频器的桥式整流电路由 $VD_1 \sim VD_6$ 所组成。

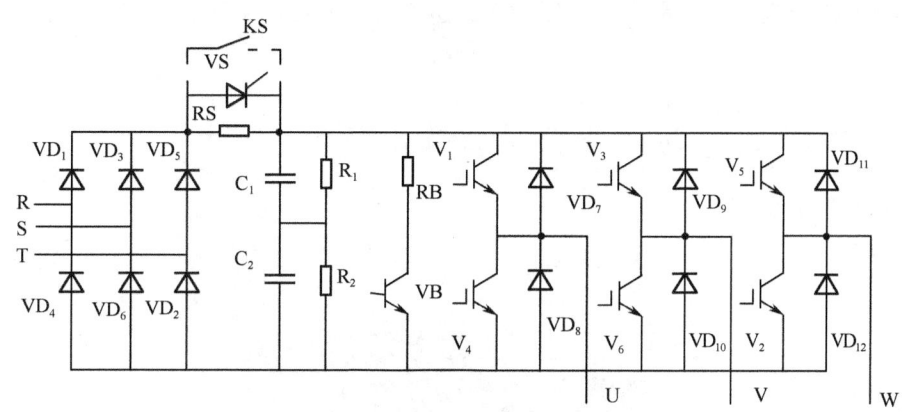

图 3-2　交流—直流—交流变频器主电路

2）直流中间电路

直流中间电路又称平滑电路，主要包括滤波电路和限流电路。

整流电路输出的直流电压波动很大。为了使整流电路输出的电压平滑，需要在整流电路后面设置滤波电路。滤波可以采用电容滤波，也可以采用电感滤波。图 3-2 中的变频器采用电容滤波，其中电容 C_1 和 C_2 串联在一起构成电容滤波电路。为使电容 C_1 和 C_2 获得相同的电压，在两个电容旁各自并联 1 个电阻 R_1 和 R_2，其阻值相等，称为均压电阻。串接在整流桥和滤波电容之间的限流电阻 RS 和短路开关 KS（用虚线绘制）组成了限流电路。变频器接入电源的瞬间，将有一个很大的冲击电流经整流桥流向滤波电容，整流桥可能因电流过大而在接入电源的瞬间受到损坏，限流电阻 RS 可以削弱该电流的冲击，起到保护整流桥的作用。在许多新的变频器中，RS 已由晶闸管 VS 替代。

3）逆变电路

逆变电路是在控制电路的控制下，将直流中间电路输出的直流电源转变为频率可调的交流电源，以实现交流电动机的变频调速。

变频器多采用三相桥式逆变电路。图 3-2 中的变频器，其逆变电路由 6 个电力晶体管（GTR）V_1、V_2、V_3、V_4、V_5 和 V_6 组成。6 个电力晶体管工作在开关状态，在控制电路的控制信号驱动下，按一定的顺序导通或截止，从而将直流电源转换成频率可调的交流电源。

2. 控制电路

1）运算电路

运算电路的作用是将外部的速度、转矩等指令信号同检测电路的电流、电压信号进行比较运算，从而决定变频器的输出频率和电压。

2）信号检测电路

信号检测电路的作用是将变频器和电动机的工作状态反馈到微处理器，并由微处理器按事先确定的算法进行处理后,为各部分电路提供所需的控制或保护信号。

3)驱动电路

驱动电路的作用是为变频器中的逆变电路的开关器件提供驱动信号。

4)保护电路

保护电路的作用是对检测电路得到的各种信号进行运算处理,以判断变频器本身或控制系统是否出现异常。当检测到异常时,保护电路进行各种必要的处理,如使变频器停止工作或抑制电压、电流值等。

3.1.2 变频器的外观、铭牌及操作面板

1．变频器的外观

三菱 E700 变频器的外观如图 3-3 所示。

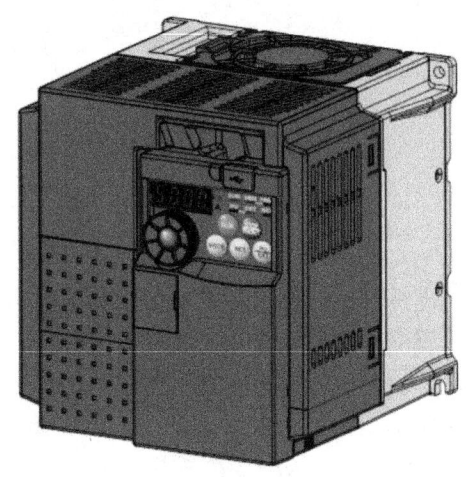

图 3-3 三菱 E700 变频器外观

2．变频器的铭牌

三菱 E700 变频器的铭牌注解如图 3-4 所示。

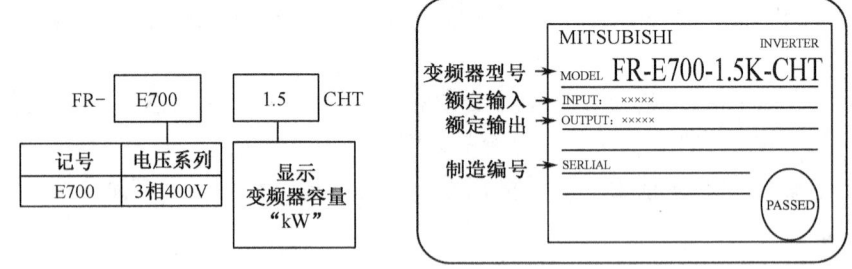

图 3-4 三菱 E700 变频器的铭牌注解

3．变频器的操作面板

三菱 E700 变频器的操作面板如图 3-5 所示。

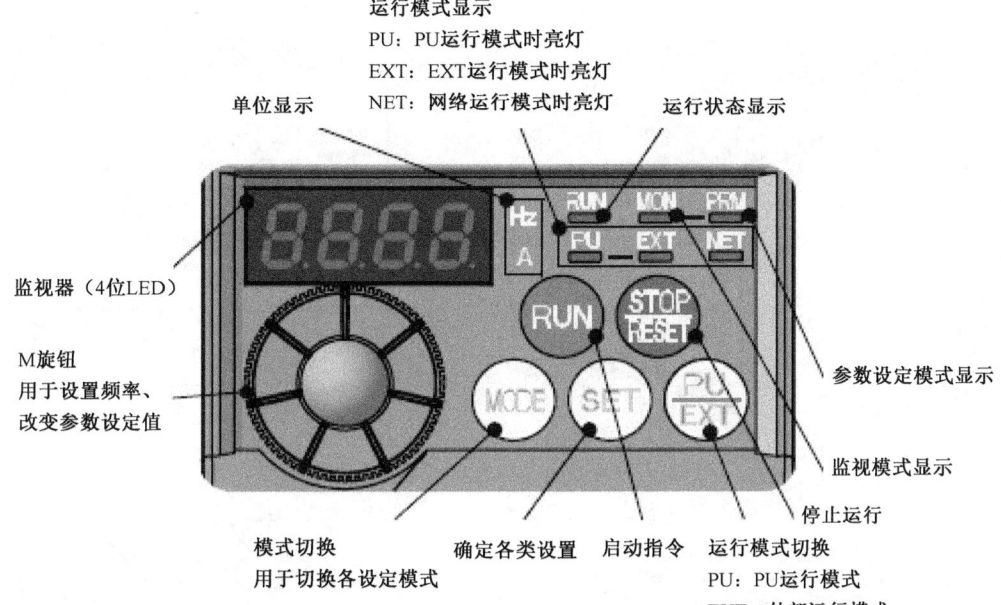

图 3-5　三菱 E700 变频器的操作面板

3.1.3　变频器的拆装

1．变频器的安装

三菱 E700 变频器的安装示意图如图 3-6 所示。

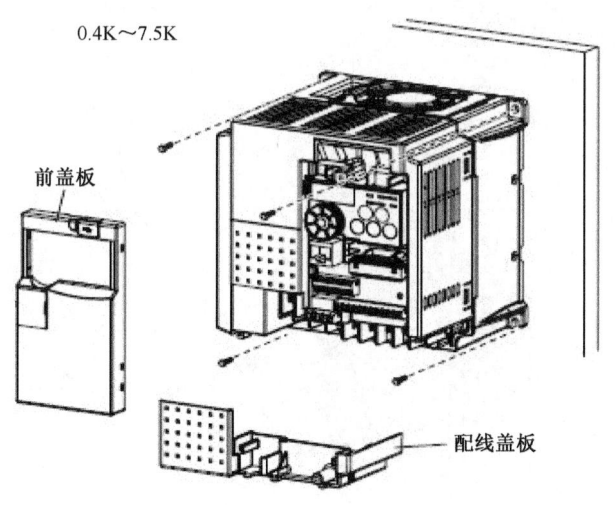

图 3-6　三菱 E700 变频器安装示意图

2．变频器前盖板的拆卸与安装

如图 3-7 所示为三菱 E700 变频器前盖板拆卸示意图，将前盖板沿箭头所示方向向前拉，将其卸下。

如图 3-8 所示为三菱 E700 变频器前盖板安装示意图，将前盖板对准主机正面垂直装入。

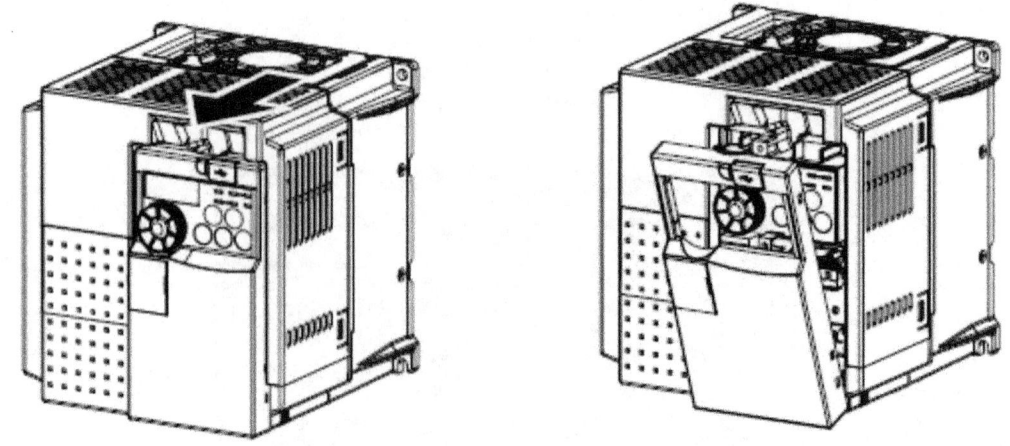

图 3-7 三菱 E700 变频器前盖板拆卸示意图

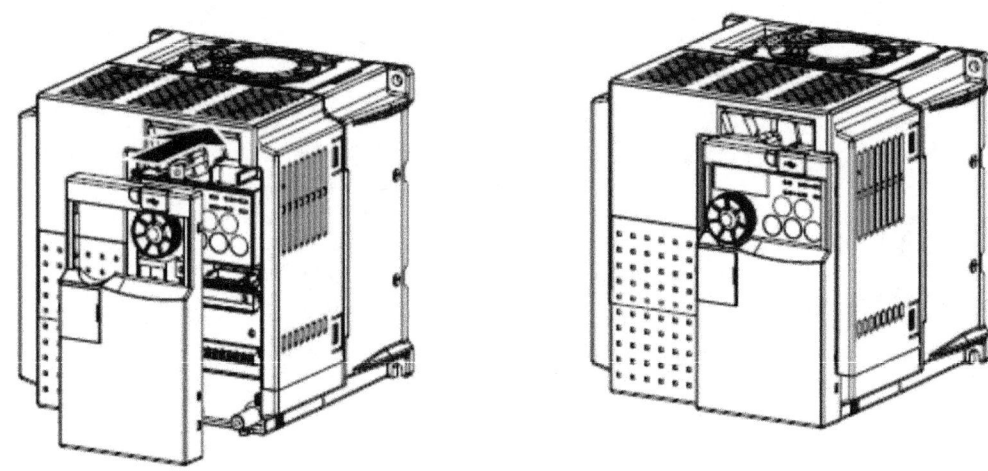

图 3-8 三菱 E700 变频器前盖板安装示意图

3．配线盖板的拆装

如图 3-9 所示为三菱 E700 变频器配线盖板拆装示意图，拆卸时，将配线盖板向前拉即可；安装时，将配线盖板对准安装导槽向后推即可装上。

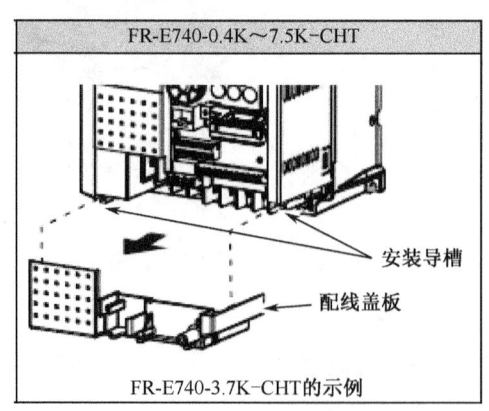

图 3-9 三菱 E700 变频器配线盖板拆装示意图

4．主电路接线端子说明

主电路接线端子说明如表 3-1 所示。

表 3-1 主电路接线端子说明

端子记号	端子名称	端子功能说明
R/L_1、S/L_2、T/L_3	三相交流电源输入	连接三相工频电源
U、V、W	变频器三相输出	连接三相交流电动机
P/+、PR	制动电阻连接	在 P/+、PR 之间连接制动电阻（FR/ABR）
P/+、N/−	制动单元连接	连接制动单元（FR-BU2）
P/+、P1	直流电抗器连接	拆下端子 P/+、P1 间的短路片，连接直流电抗器
⏚	接地	变频器机架接地用，必须接大地

主电路端子的排列与接线示意图如图 3-10 所示。

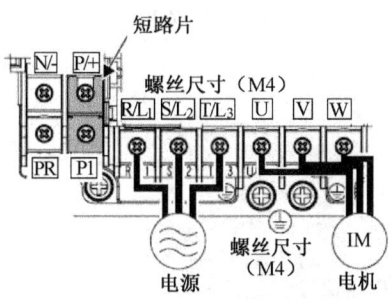

图 3-10 主电路接线端子排列与接线示意图

任务实施

根据要求，完成变频器的拆装，并将变频器的拆装步骤填入如表 3-2 所示的工作计划表中。

表 3-2 变频器拆装工作计划表

拆装步骤	内容描述
（1）	
（2）	
（3）	
（4）	
（5）	
（6）	

1．主电路的接线

根据主电路接线原理图，完成主电路的模拟连接，如图 3-11 所示。

2．完成变频器的拆装操作

（1）为完成工作任务，每个工作小组需向管理人员借用必要工具及领取必要材料。

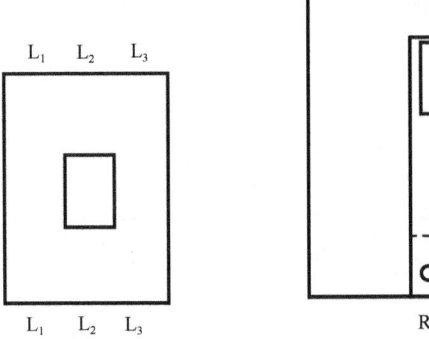
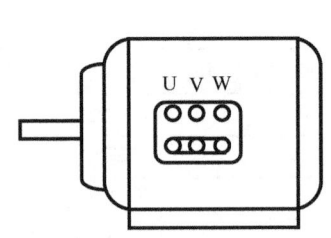

图 3-11 主电路的模拟连接

（2）拆卸时必须小心谨慎，牢记变频器的外形结构和拆卸步骤，严禁硬掰、敲打和碰撞。安装时注意变频器的安装位置是否妥当，切勿倒装。螺钉需拧紧，外壳需接地。

（3）完成如图 3-12 所示的空气断路器、变频器和电动机之间的实际接线，接线需正确、牢固和美观。

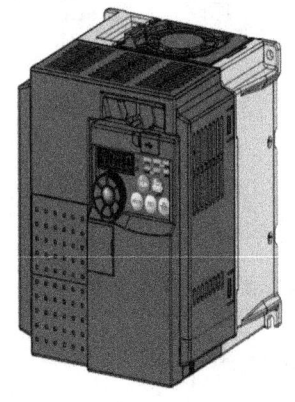

图 3-12 空气断路器、变频器和电动机的实际连接

任务考核

1．学生自我评估和总结

2. 小组评估和总结

3. 教师评估和总结

任务 3.2　应用变频器的基本运行功能控制传送带

任务引入

变频器的基本功能包括启动、停止、正转与反转、点动、运行频率调节等。变频器基本功能运转指令的输入方式有控制面板输入和外部端子输入两种。这些基本功能运转指令的输入方式，可按照实际需要进行选择设置，同时也可根据功能需要进行相互之间的切换。

任务目标

（1）利用变频器的操作面板完成模式切换、运行频率设定、数据清除等操作。
（2）分别用变频器的 PU、外部、PU 点动、组合模式控制传送带电动机运行。

相关知识

3.2.1　变频器控制面板的输入操作

通过变频器的控制面板可完成的基本操作包括监视器、频率设定、参数设定和报警历史等，如图 3-13 所示。

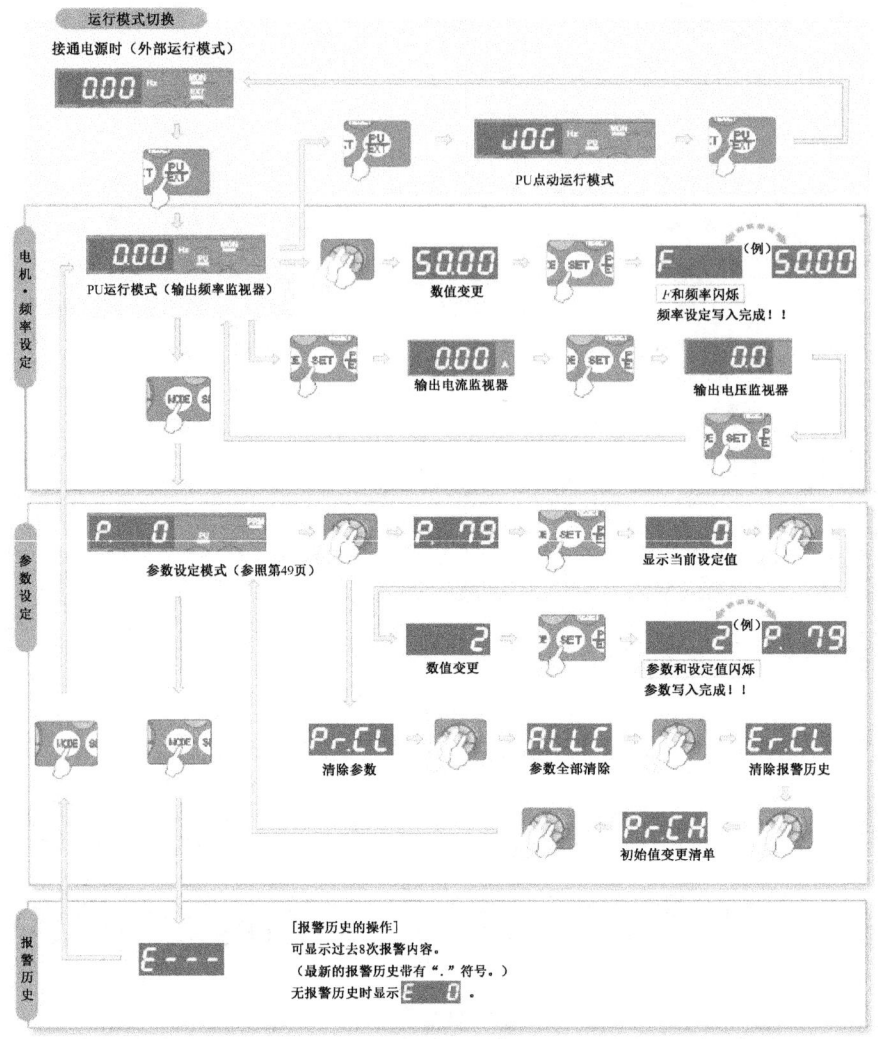

图 3-13 变频器控制面板的基本操作

3.2.2 控制电路外部输入端子

控制电路的外部输入端子接线如图 3-14 所示。控制电路外部输入端子的功能如表 3-3 所示。

3.2.3 运行模式参数 Pr.79 的设定

一般来讲，通过参数 Pr.79 的设定，可以实现以下 3 种功能。

1．外部/PU 切换模式

外部/PU 切换模式如表 3-4 所示。

2．组合运行模式

组合运行模式如表 3-5 所示。

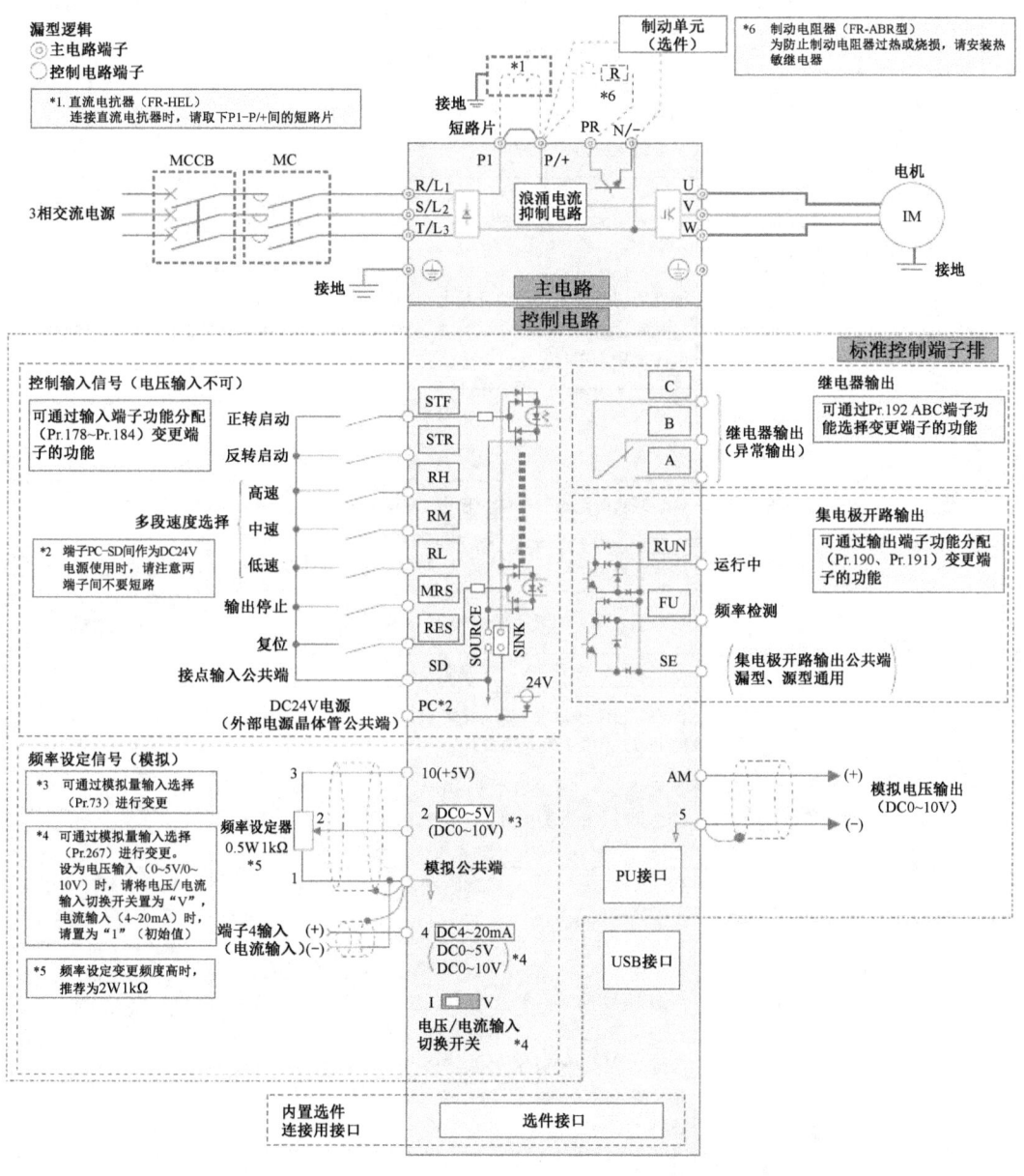

图 3-14 控制电路外部输入端子接线

表 3-3 控制电路外部输入端子的功能

种类	端子记号	端子名称	端子功能说明		额定规格
接点输入	STF	正转启动	STF 信号 ON 时为正转、OFF 时为停止指令	STF、STR 信号同时 ON 时变成停止指令	输入电阻 4.7kΩ 开路时电压 DC21~26V 短路时电流 DC4~6mA
	STR	反转启动	STR 信号 ON 时为反转、OFF 时为停止指令		
	RH、RM、RL	多段速度选择	用 RH、RM 和 RL 信号的组合可以选择多段速度		
	MRS	输出停止	MRS 信号 ON（20ms 或以上）时，变频器输出停止 用电磁制动器停止电机时用于断开变频器的输出		
	RES	复位	用于解除保护电路动作时的报警输出。请使 RES 信号处于 ON 状态 0.1 秒或以上，然后断开 初始设定为始终可进行复位，但进行了 Pr.75 的设定后，仅在变频器报警发生时可进行复位。复位所需时间约为 1 秒		
	SD	接点输入公共端（漏型）（初始设定）	接点输入端子（漏型逻辑）的公共端子		—
		外部晶体管公共端（源型）	源型逻辑时当连接晶体管输出（即集电极开路输出）、例如可编程控制器（PLC）时，将晶体管输出用的外部电源公共端接到该端子时，可以防止因漏电引起的误动作		
		DC24V 电源公共端	DC24V 0.1A 电源（端子 PC）的公共输出端子。与端子 5、SE 绝缘		
	PC	外部晶体管公共端（漏型）（初始设定）	漏型逻辑时当连接晶体管输出（即集电极开路输出）、例如可编程控制器（PLC）时，将晶体管输出用的外部电源公共端接到该端子时，可以防止因漏电引起的误动作		电源电压范围 DC22~26V 容许负载电流 100mA
		接点输入公共端（源型）	接点输入端子（源型逻辑）的公共端子		
		DC24V 电源	可作为 DC24V 0.1A 的电源使用		
频率设定	10	频率设定用电源	作为外接频率设定（速度设定）用电位器时的电源使用（参照 Pr.73 模拟量输入选择）		DC5.2V±0.2V 容许负载电流 10mA
	2	频率设定（电压）	如果输入 DC0~5V（或 0~10V），在 5V（10V）时为最大输出频率，输入输出成正比。通过 Pr.73 进行 DC0~5V（初始设定）和 DC0~10V 输入的切换操作		输入电阻 10kΩ±1kΩ 最大容许电压 DC20V
	4	频率设定（电流）	如果输入 DC4~20mA（或 0~5V，0~10V），在 20mA 时为最大输出频率，输入输出成正比。只有 AU 信号为 ON 时，端子 4 的输入信号才会有效（端子 2 的输入将无效）。通过 Pr.267 进行 4~20mA（初始设定）和 DC0~5V、DC0~10V 输入的切换操作。电压输入 0~5V/0~10V 时，请将电压/电流输入切换开关切换至 V		电流输入的情况下：输入电阻 233Ω±5Ω 最大容许电流 30mA 电压输入的情况下：输入电阻 10kΩ±1kΩ 最大容许电压 DC20V 电流输入（初始状态）电压输入
	5	频率设定公共端	频率设定信号（端子 2 或 4）及端子 AM 的公共端子。请勿接大地		—

表 3-4 外部/PU 切换模式

参数编号	名称	初始值	设定范围	内容	LED 显示 ■:灭灯 □:亮灯
79	模式选择	0	0	通过 PU/EXT 键可以切换 PU 与外部模式。接通电源时为外部运行模式	外部运行模式：EXT亮 PU 运行模式：PU亮
			1	PU 运行模式固定	PU亮
			2	固定为外部运行模式，可以在外部、网络运行模式间切换	外部运行模式：EXT亮 网络运行模式：NET亮

表 3-5 组合运行模式

参数编号	名称	初始值	设定范围	内容		LED 显示 ■:灭灯 □:亮灯
79	模式选择	0	3	外部/PU 组合运行模式 1		PU EXT
				频率指令	启动指令	
				用操作面板、PU（PUFR-PU04-CH/FR-PU07）设定或外部信号输入[多段速设定，端子 4-5 间（AU 信号 ON 时有效）]	外部信号输入（端子 STF、STR）	
			4	外部/PU 组合运行模式 2		
				频率指令	启动指令	
				外部信号输入（端子 2、4、JOG、多段速选择等）	通过操作面板的键、PU（PUFR-PU04-CH/FR-PU07）的 RUN 键来输入	

3．其他模式

当 Pr.79=6 时，表示可以一边继续运行状态，一边实施 PU 运行、外部运行与网络运行之间的切换。

当 Pr.79=7 时，表示外部运行模式（与 PU 操作互锁），即当 X12 信号为 ON 时，可切换到 PU 运行模式（正在外部运行时输出停止）；当 X12 信号为 OFF 时，禁止切换到 PU 运行模式。

3.2.4 各种操作模式下的基本操作步骤

1．PU 操作模式

——————操作—————— ——————显示——————

（1）将变频器设置在 PU 模式下。

（2）按下 RUN 键运行变频器。

通过 Pr.40 的设定，可以选择旋转方向。

（3）按 SET 键可以在电流、电压、频率监视中切换。

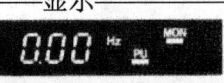

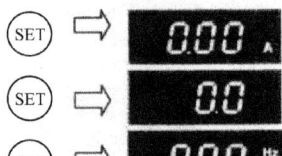

（4）旋转 旋钮可设定运行频率值，如将频率设定为"50Hz"。

（5）按 SET 键确认。

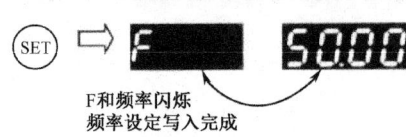

F和频率闪烁
频率设定写入完成

（6）按下 STOP/RESET 键停止。

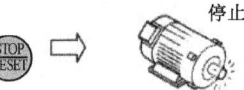

停止

2．PU 点动操作

——————操作—————— ——————显示——————

（1）将变频器设置在 PU 点动操作模式下。

（2）按下 RUN 键。

① 按下 RUN 键期间内电动机旋转。

② 通过参数 Pr.15 设定点动运行，频率出厂设定值为 5Hz。

持续按住

（3）松开 RUN 键。

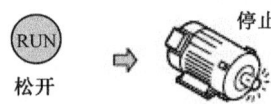

松开　停止

3．外部操作模式

外部操作模式的接线图如图 3-15 所示。

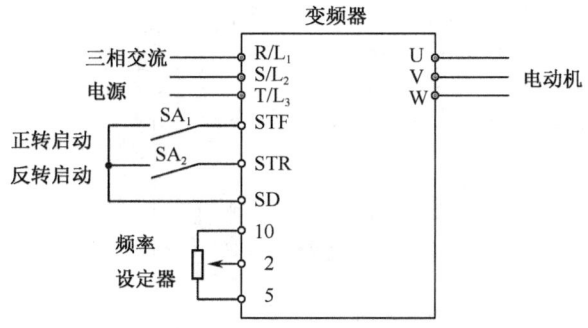

图 3-15 外部操作模式接线图

————————操作————————　　　　　　————————显示————————

(1) 将变频器设置在外部操作模式下。

(2) 在 STF 或 STR 置 ON 期间电动机旋转。

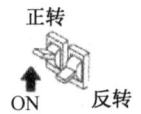 

(3) 旋转 旋钮可设定运行频率值,如将频率设定为 50Hz。

(4) 将开关 SA_1 或 SA_2(即 STF 或 STR)置 OFF,电动机停止旋转。

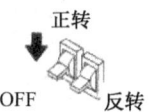 

4. 组合操作模式

组合操作模式是应用参数单元和外部接线共同控制变频器运行的一种方法,一般有两种模式,一种是参数单元控制电动机的启停,外部接线控制电动机的运行频率;另一种是参数单元控制电动机的运行频率,外部接线控制电动机的启停,这是工业控制中的常用方法。

1) 组合操作模式一

启动指令用端子 STF 或 STR 设置为 ON 来进行,频率给定通过 PU 面板设定。组合操作模式一接线图如图 3-16 所示。

项目 3　变频驱动(调速)系统的构建与调试　　91

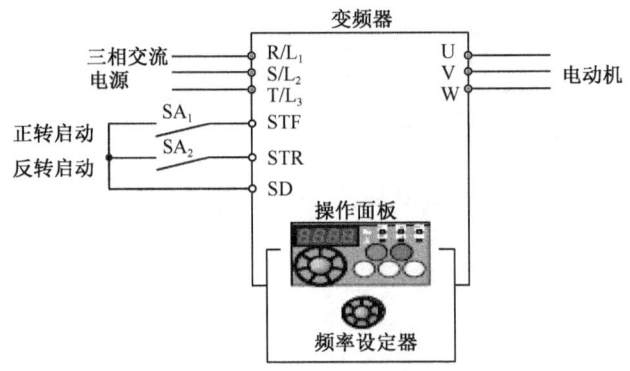

图 3-16 组合操作模式一接线图

——————操作——————　　——————显示——————

（1）将 Pr.79 设置为 3。

（2）将启动开关（STF 或 STR）设置为 ON。电动机按操作面板的频率设定模式运转。

（3）旋转 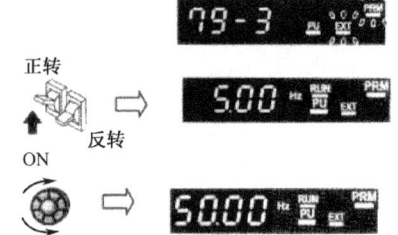 旋钮可设定运行频率值，如将频率设定为 50Hz。

（4）按 SET 键确认。

（5）将启动开关（STF 或 STR）设置为 OFF，电动机停转。

2）组合操作模式二

启动指令通过 PU 面板设定，频率给定由外接电位器设定。组合操作模式二接线图如图 3-17 所示。

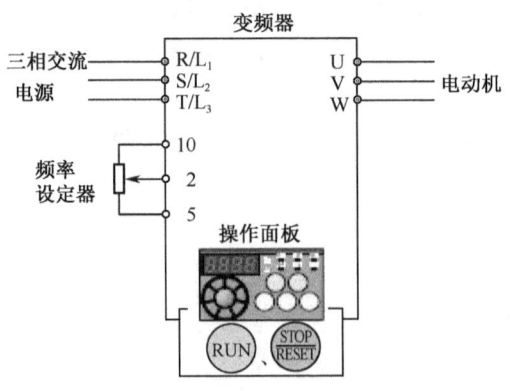

图 3-17 组合操作模式二接线图

92　电气控制与驱动

操作	显示
（1）将 Pr. 79 设置为 4。 （2）启动。 按下 (RUN) 键，电动机按外部设定频率启动运行。	 
（3）旋转外接电位器可设定运行频率值，如将频率设定为 50Hz。 （4）停止。 按下 (STOP/RESET) 键，电动机停转。	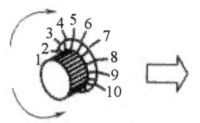   停止 

任务实施

1. 写出变频器各模式的设定方法和步骤，填入表 3-6。

表 3-6　变频器各模式的设定方法和步骤

操作模式	方法和步骤
PU 操作模式	
PU 点动操作模式	
外部操作模式	
组合操作模式一	
组合操作模式二	

2. 画出外部操作模式、组合操作模式一和模式二的接线示意图。

（1）外部操作模式接线示意图。

（2）组合操作模式一接线示意图。

（3）组合操作模式二接线示意图。

3．写出变频器各操作模式下的运行操作方法，填入表 3-7。

表 3-7　变频器各操作模式下的运行操作方法

操作模式	正转启动	反转启动	停止	运行频率设定
PU 操作模式				
PU 点动操作模式				
外部操作模式				
组合操作模式一				
组合操作模式二				

4．写出变频器各操作模式的调试运行步骤，填入表 3-8。

表 3-8　变频器各操作模式的调试运行步骤

调试步骤	描述该步骤下可能出现的现象	教师审核
（1）		
（2）		
（3）		
（4）		
（5）		
（6）		
（7）		
（8）		

以下为参考步骤，可参考实施。

（1）准备工具及材料。
（2）任务实施前的相关检查。
（3）根据任务控制要求进行调试。

任务考核

1．学生自我评估和总结。

2．小组评估和总结。

3．教师评估和总结。

任务3.3　应用变频器的基本参数控制传送带

任务引入

变频器对电动机运行时的各种性能和运行方式的控制，都是通过许多参数的设定来实现的，不同的参数对应着不同的功能。不同型号的变频器其参数的数量不尽相同，但一般包含基本功能参数、运行参数、定义控制端子功能参数、附加功能参数和运行模式参数等。理解这些参数的含义是应用变频器的基础。

任务目标

根据变频器基本参数功能设置变频器的基本参数,并观察电动机在不同参数设置下的运行情况。

相关知识

3.3.1 变更参数设定值的操作

以变更 Pr.1 上限频率的设定值为例,操作步骤如下。

——————操作——————　　　　　　　　——————显示——————

(1) 电源接通时显示监视器画面。

(2) 按 PU/EXT 键,进入 PU 运行模式。

(3) 按 MODE 键,进入参数设定模式。

(4) 旋转旋钮,将参数编号设定为 Pr.1。

(5) 按 SET 键,读取当前的设定值。显示 120.0Hz(初始值)。

(6) 旋转旋钮,将值设定为 50.00Hz。

(7) 按 SET 键设定。

参数闪烁,设定完成

♊ 旋转旋钮可读取其他参数。

♋ 按 SET 键可再次显示设定值。

♌ 按两次 SET 键可显示下一个参数。

♍ 按两次 MODE 键可返回频率监视画面。

3.3.2 参数清除、全部清除

设定 Pr.CL(参数清除)、ALLC(参数全部清除)为 1 时,可使参数恢复为初始值。

| 操作 | 显示 |

(1) 电源接通时显示监视器画面。

(2) 按 PU/EXT 键，进入 PU 运行模式。

PU 显示灯亮。

(3) 按 MODE 键，进入参数设定模式。

PRM 显示灯亮。

（显示以前读取的参数编号）

参数清除

(4) 旋转  旋钮，将参数编号设定为 Pr.CL（参数清除）或 ALLC（参数全部清除）。

参数全部清除

(5) 按 SET 键，读取当前的设定值。显示为 0。

(6) 旋转  旋钮，将值设定为 1。

参数清除

(7) 按 SET 键设定。

参数全部清除

参数闪烁，设定完成

3.3.3 变频器的基本参数功能简介

变频器的基本参数如表 3-9 所示。

表 3-9 变频器的基本参数

功能	参数号	名称	设定范围	最小设定单位	出厂设置
基本功能	0	转矩提升	0~30%	0.1%	6/4/3%×1
	1	上限频率	0~120Hz	0.01Hz	120Hz
	2	下限频率	0~120Hz	0.01Hz	0Hz
	3	基底频率	0~400Hz	0.01Hz	50Hz
	4	多段速设定（高速）	0~400Hz	0.01Hz	60Hz
	5	多段速设定（中速）	0~400Hz	0.01Hz	30Hz
	6	多段速设定（低速）	0~400Hz	0.01Hz	10Hz
	7	加速时间	0~3600s/360s×2	0.01s	10s
	8	减速时间	0~3600s/360s×2	0.01s	10s
	9	电子过电流保护	0~500A	0.01A	额定输出电流
	20	加减速基准频率	0~400Hz	0.1Hz	50Hz
	40	RUN 键旋转方向选择	0、1	1	0

项目 3　变频驱动（调速）系统的构建与调试

1．转矩提升（Pr.0）

此参数主要用于设定电动机启动时的转矩大小，通过补偿电动机绕组上的电压降改善电动机低速时的转矩性能。假定基底频率时的电压值为100%，用百分数设定频率为0时的电压值。设定过大将导致电动机过热；设定过小，启动力矩不够。一般最大值设定为10%。

Pr.0 参数如图 3-18 所示。

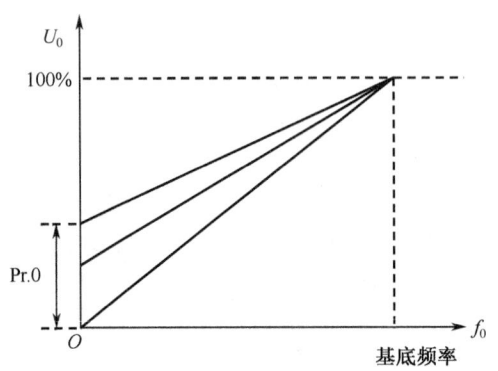

图 3-18　Pr.0 参数

2．上限频率（Pr.1）、下限频率（Pr.2）

上限频率和下限频率是指变频器输出的最高和最低频率，常用 f_H 和 f_L 来表示。根据拖动系统所带的负载不同，有时要对电动机的最高和最低转速予以限制，以保证拖动系统的安全运行和产品的质量。另外，对于由操作面板上的误操作及外部指令信号的误动作而引起的频率过高或过低，需要通过给变频器的上限频率和下限频率赋值，来起到保护作用。当变频器的给定频率高于上限频率或低于下限频率时，变频器的输出频率就被限制在上限频率或下限频率，如图 3-19 所示。

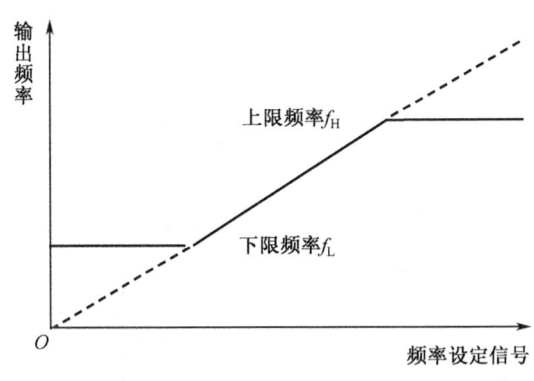

图 3-19　Pr.1 和 Pr.2 参数

3．基底频率（Pr.3）

此参数主要用于调整变频器输出频率到电动机的额定值。当采用标准电动机时，通常设定为电动机的额定频率；当需要电动机运行在工频与变频器之间切换时，设定与电源频率相同。

4．加、减速时间（Pr.7、Pr.8）及加、减速基准频率（Pr.20）

Pr.7 和 Pr.8 用于设定电动机加速和减速时间。Pr.7 的值设定得越大，加速时间越长；Pr.8

的值设定得越大，减速时间越长。Pr.20 是加、减速基准频率。Pr.7 设定的值就是从 0 加速到 Pr.20 设定的频率时所需要的时间，Pr.8 设定的值就是从 Pr.20 所设定的频率减速到 0 时所需要的时间，如图 3-20 所示。

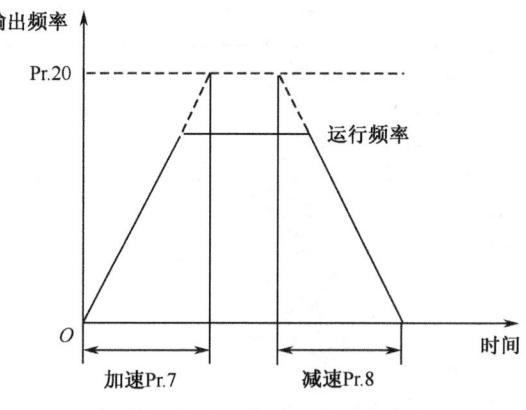

图 3-20　Pr.7、Pr.8、Pr.20 参数

5．电子过电流保护（Pr.9）

通过设定电子过电流保护的电流值，可防止电动机过热。

6．RUN 键旋转方向的选择（Pr.40）

此参数主要用于改变变频器的输出相序，即改变电动机的旋向。当 Pr.40 设定为 0 时，按下 RUN 键，电动机正转启动；当 Pr.40 设定为 1 时，按下 RUN 键，电动机反转启动。

任务实施

1．将所需要试验的参数填入表 3-10。

表 3-10　变频器设置参数表

序号	参数号	名称	设定范围	出厂设定	试验设定值	备注

2．写出参数设置调试步骤，填入表 3-11。

表 3-11 变频器参数设置调试表

调试步骤	描述该步骤下可能出现的现象	教师审核
（1）		
（2）		
（3）		
（4）		
（5）		
（6）		
（7）		
（8）		

可按如下参考步骤进行。

（1）准备工具及材料。

（2）任务实施前的相关检查。

（3）根据任务控制要求进行调试。

任务考核

1．学生自我评估和总结。

2．小组评估和总结。

3．教师评估和总结。

任务 3.4　应用变频器多段速控制传送带

任务引入

三菱变频器的多段速运行速度共 15 种。通过多段速参数设定、外部接线端子的控制，传送带可以运行在不同的速度上，如三段速、七段速和十五段速等。如在药粒自动装瓶系统中，为了适应对不同药品的输送，要求传送带能分别在 3 种或 7 种速度下运行，如图 3-21 所示。

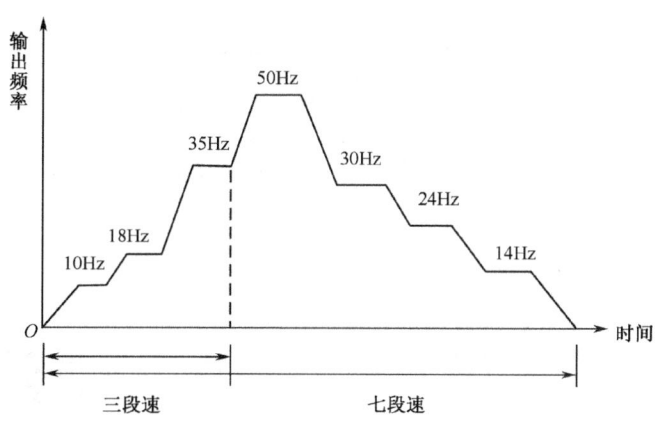

图 3-21　传送带多段速曲线

任务目标

（1）根据任务要求完成多段速的相关接线。
（2）正确设定变频器多段速及相关参数。
（3）在输送带上分别实现三段速和七段速的控制。

相关知识

3.4.1　三段速的设定

三段速参数设定如表 3-12 所示。

表 3-12　三段速参数设定

参数号	名　称	初始值	控制端子
Pr.4	多段速设定（高速）	50Hz	RH
Pr.5	多段速设定（中速）	30Hz	RM
Pr.6	多段速设定（低速）	10Hz	RL

1．第一种操作方式

通过开关操作选择三段速命令，启动与停止采用 PU 面板操作方式进行。三段速第一种操作方式接线如图 3-22 所示。

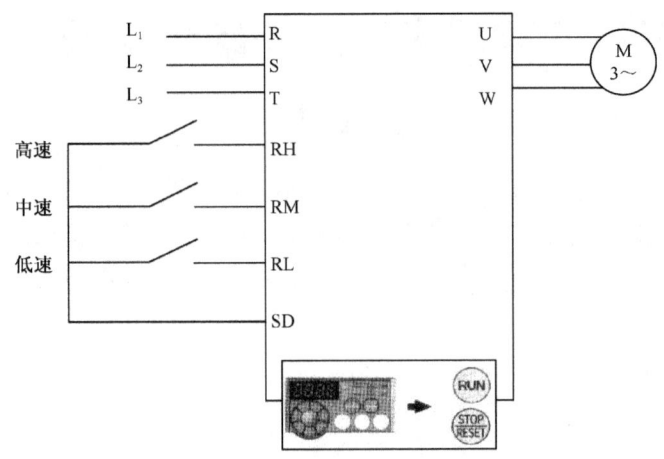

图 3-22　三段速第一种操作方式接线

————————操作————————　　　　　　————————显示————————

（1）将 Pr.79 参数内容变更为 4。

（2）按下 (RUN) 键，在没有频率指令的情况下，运行频率为 0。通过 Pr.40 的设定，可以选择旋转方向。

（3）将低速信号（RL）设置为 ON，输出频率随 Pr.7 加速时间上升，慢慢变到 Pr.6 所设定的频率值（初始值为 10Hz）。

Ⅱ　RH 设置为 ON 时，显示 50Hz。
☉　RM 设置为 ON 时，显示 30Hz。

（4）将低速信号（RL）设置为 OFF，输出频率随 Pr.8 减速时间下降，慢慢变到 0Hz。

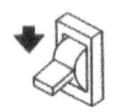 

（5）按下 (STOP) 键，RUN 灯灭。

（6）以此类推，分别接通 RM 和 RH，将会得到对应的速度（频率值）。

2．第二种操作方式

通过开关操作选择三段速命令，启动与停止采用外部操作方式进行。三段速第二种操作方式接线如图 3-23 所示。

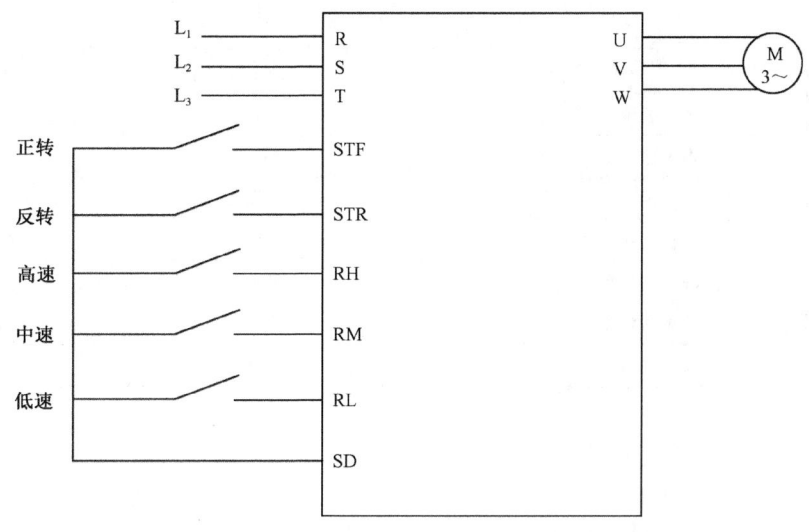

图 3-23　三段速第二种操作方式接线

————操作————　　　　　————显示————

（1）将变频器设置在外部操作模式。

（2）将高速开关（RH）设置为 ON。

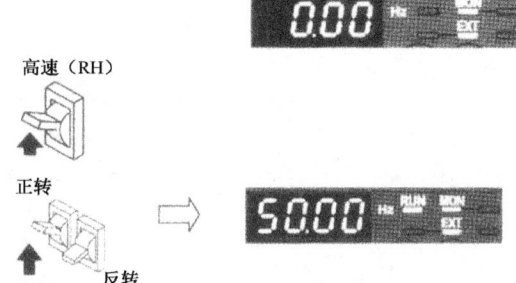

（3）将启动开关（STF）或（STR）设置为 ON，这时候显示为 50Hz。
- RM 设置为 ON 时，显示 30Hz。
- RL 设置为 ON 时，显示 10Hz。

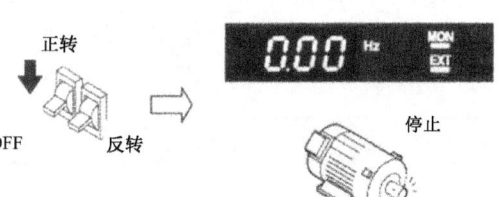

（4）将启动开关（STF）或（STR）设置为 OFF，电动机停转。

3.4.2　七段速的设定

七段速参数的设定如表 3-13 所示。

七段速对应的时间-频率曲线，如图 3-24 所示。

表 3-13 七段速参数设定

参数号	名称	初始值	控制端子
Pr.4	多段速设定（高速）	50Hz	RH
Pr.5	多段速设定（中速）	30Hz	RM
Pr.6	多段速设定（低速）	10Hz	RL
Pr.24	多段速设定（4速）	9999	RL、RM
Pr.25	多段速设定（5速）	9999	RL、RH
Pr.26	多段速设定（6速）	9999	RM、RH
Pr.27	多段速设定（7速）	9999	RL、RM、RH

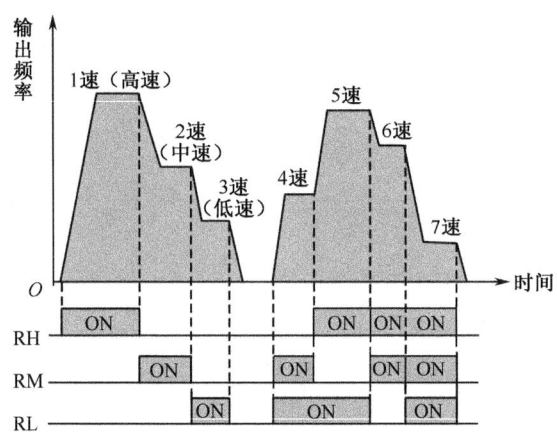

图 3-24 七段速对应的时间-频率曲线

任务实施

1. 三段速的参数设置与接线（PU 模式）

通过开关发出三段速的选择命令，启动与停止采用 PU 面板操作方式进行。

（1）三段速的参数设置如表 3-14 所示。

表 3-14 三段速的参数设置表

参数号	名称	初始值	控制端子

（2）三段速的接线图画入下框。

2．七段速的参数设置与接线

通过开关发出七段速的选择命令，启动与停止采用外部操作方式进行。

（1）七段速的参数设置如表 3-15 所示。

表 3-15　七段速的参数设置表

参数号	名　　称	初始值	控制端子

（2）七段速的接线图画入下框。

3．三段速和七段速的调试

写出三段速和七段速的调试运行步骤，填入表 3-16。

以下为参考步骤，可参考实施。

（1）准备工具及材料。

（2）任务实施前的相关检查。

（3）根据任务控制要求进行调试。

表 3-16　三段速和七段速的调试运行步骤

调试步骤	描述该步骤下可能出现的现象	教师审核
（1）		
（2）		
（3）		
（4）		
（5）		
（6）		
（7）		
（8）		

任务考核

1. 学生自我评估和总结。

2. 小组评估和总结。

3. 教师评估和总结。

项目 4

步进驱动系统的构建与调试

任务 4.1　利用步进驱动系统实现机械手的直线移动控制

任务引入

在药粒自动瓶装系统中，搬运机械手的水平运动主要由可编程控制器控制，由步进驱动器驱动并由步进电动机执行而实现。其工作原理为，机械手通过丝杆螺母传动，沿导轨左右方向水平移动，操作方式为点动操作，左右方向设置极限开关等。

任务目标

（1）根据控制要求完成系统接线。
（2）用三菱 PLC 的 PLSY 或 PLSR 指令完成控制程序的编写。
（3）完成搬运机械手水平左右移动的运行调试。

相关知识

4.1.1　步进电动机

步进电动机是一种将电脉冲信号转变为机械角位移或线位移的机电执行器件。每当一个脉冲信号施加于步进电动机的控制绕组时，其转轴就转过一个固定的角度（步距角）。因此，步进电动机又称为脉冲电动机，其输出的角位移与输入的脉冲数成正比，其输出转速与输入脉冲频率成正比。

步进电动机工作时的步数或转速不受电压波动和负载变化的影响（在允许负载范围内），只与输入脉冲同步，故在速度、位置控制系统中，即使是开环控制也能获得较高的控制精度，且所需成本较低。与此同时，由于步进电动机的输入信号为数字信号，因此特别适合在数字控制系统中应用。

1．步进电动机的种类

步进电动机的种类很多，按其工作原理，可分为电磁式、反应式、永磁式和混合式 4 种。

1）电磁式

电磁式步进电动机的定子和转子均有绕组，靠电磁力矩使转子转动。在实际中，这类步进电动机不常使用。

2）反应式

反应式步进电动机也叫磁阻式步进电动机，其定子、转子均由软磁材料冲制并叠压而成。定子上安装有多相绕组，转子上无绕组；定子上均匀分布若干大磁极，每个大磁极上分布着数个小齿和小槽，转子的圆周表面上也均匀分布着数个小齿和小槽。步进电动机一般有三相、四相、五相和六相 4 种。三相反应式步进电动机的结构如图 4-1 所示。

反应式步进电动机的特点如下。

① 步距角小，最小可达 1°。
② 励磁电流大，最大为 10 A。

③ 断电时没有定位转矩。

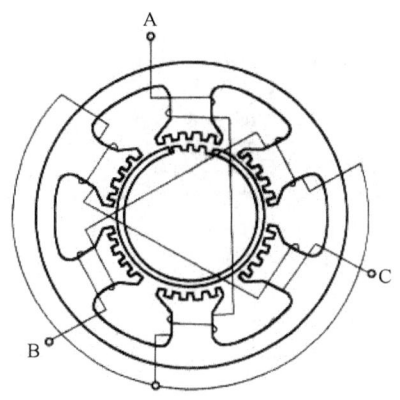

图 4-1 三相反应式步进电动机的结构

④ 电动机内阻尼力矩较小，单步运行震荡时间长。

3）永磁式

转子或定子的任何一方具有永磁材料的步进电动机称为永磁式步进电动机，其中不具有永磁材料的一方设有励磁绕组。当励磁绕组通电后，励磁绕组所建立的磁场与永磁材料所建立的磁场相互作用产生电磁转矩。励磁绕组一般为两相或四相，两相永磁式步进电动机的结构如图 4-2 所示。

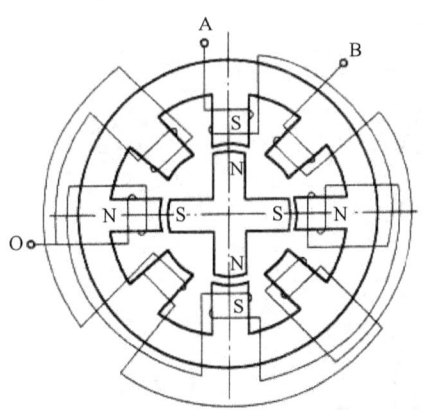

图 4-2 两相永磁式步进电动机的结构

永磁式步进电动机的特点如下。

① 步距角大，如 15°、22.5°、45°、90°等。
② 相数大多为两相或四相。
③ 启动频率较低。
④ 控制功率小，驱动电压一般为 12V 或 24V，电流接近于 2A。
⑤ 断电时有一定的保持转矩。
⑥ 电动机内阻尼力矩较大。
⑦ 要求电源供给正、负脉冲，对电源要求高。

4）混合式

混合式步进电动机结合了永磁式和反应式步进电动机的优点，是目前发展较快的一种步进电动机。混合式步进电动机的结构如图 4-3 所示。

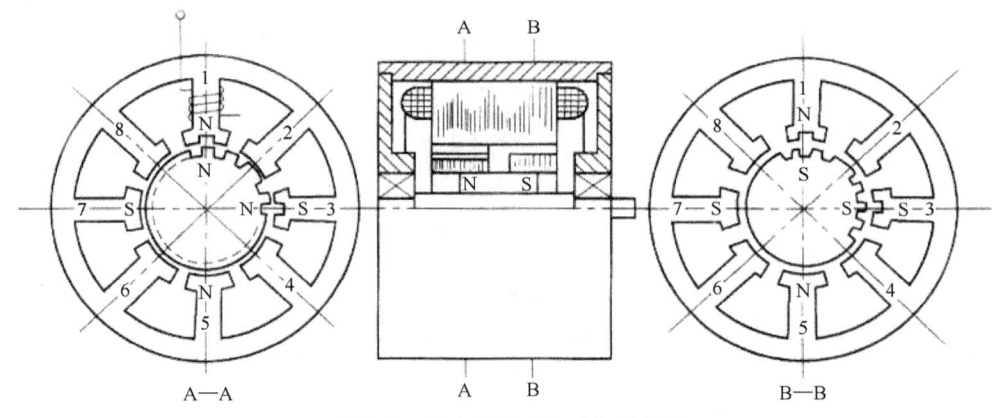

图 4-3 混合式步进电动机的结构

2. 步进电动机的工作原理

虽然步进电动机的结构形式多种多样，但它们的工作原理基本相同。下面以如图 4-4 所示的两相四极永磁式步进电动机的简化模型为例，说明步进电动机的工作原理。

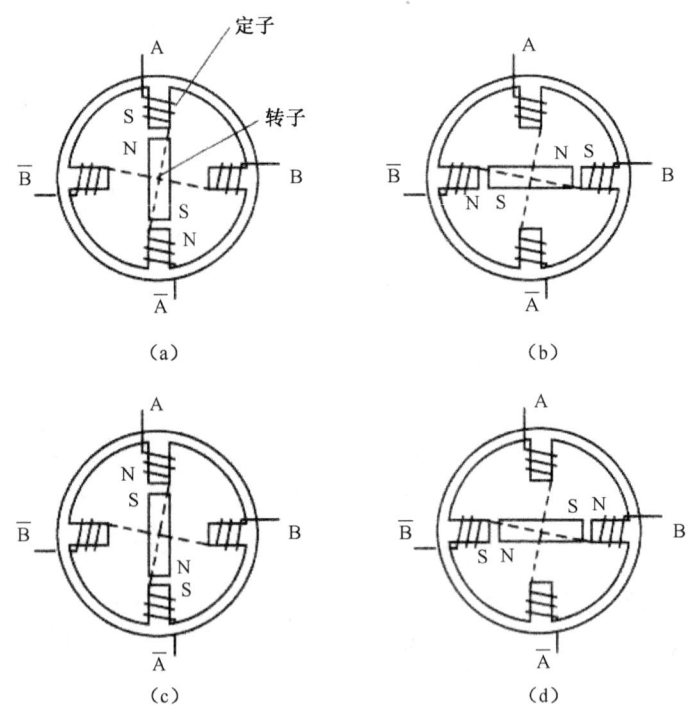

图 4-4 两相四极永磁式步进电动机的简化模型

两相四极永磁式步进电动机的定子有四个极，每个磁极上都装有绕组，每两个相对磁极组成一相；转子是一块条状永久磁铁，仅有一对磁极。

步进电动机的转动受脉冲信号控制，两相定子绕组由脉冲分配器控制的电源轮流通电。

第 1 步，设 A 相首先通正向电，B 相不通电，则 A、$\overline{A}$ 极形成一对 N、S 磁极，由于转子本身也是一对 N、S 磁极，根据磁极同性相斥、异性相吸性质及磁路磁阻最小性质，转子转到与定子的一对磁极 A、$\bar{A}$ 对齐的位置而停止，如图 4-4（a）所示。因转子为一对永久磁铁，如果此时 A 相断电，转子仍然保持此位置不变。

第 2 步，A 相断电，B 相通正向电，转子便在 B、$\bar{B}$ 一对磁极的吸引下顺时针转过 90°，转到与 B、$\bar{B}$ 一对磁极对齐位置而停止，如图 4-4（b）所示。同样，如果此时 B 相断电，转子仍然保持此位置不变。

第 3 步，B 相断电，A 相通反向电，转子便在 $\bar{A}$、A 一对磁极的吸引下顺时针转过 90°，转到与 $\bar{A}$、A 极对齐位置而停止，如图 4-4（c）所示。同样，如果此时 A 相断电，转子仍然保持此位置不变。

第 4 步，A 相断电，B 相通反向电，转子便在 $\bar{B}$、B 一对磁极的吸引下顺时针转过 90°，转到与 $\bar{B}$、B 极对齐位置而停止，如图 4-4（d）所示。同样，如果此时 B 相断电，转子仍然保持此位置不变。

如此，按 A→B→$\bar{A}$→$\bar{B}$→A 的顺序循环通电，电动机就按顺时针方向一步一步转动。每一步的转角称为一个步距角。电流按 A→B→$\bar{A}$→$\bar{B}$→A 顺序循环一轮，磁场旋转一周，转子转过一圈。这种通电方式称为两相四拍工作方式。此种工作方式下，转子为一对磁极时，步距角为 90°。

4.1.2 步进驱动器

步进电动机绕组是按一定的通电方式工作的，为实现这种轮流通电工作方式，需要由驱动器来驱动。步进驱动器的作用就是对控制脉冲进行环形分配和功率放大，再驱动步进电动机。

1．步进驱动器原理

以两相步进电动机为例，当给驱动器一个脉冲信号和一个正方向信号时，驱动器通过环形分配器的分配和功率放大器的放大后，提供给步进电动机绕组一个按 A→B→$\bar{A}$→$\bar{B}$→A 顺序的循环通电方式，此时步进电动机按顺时针方向转动起来；如果方向信号变为负时，通电顺序就变为 $\bar{B}$→$\bar{A}$→B→A，电动机就按逆时针方向运行。

步进驱动器的工作原理如图 4-5 所示。

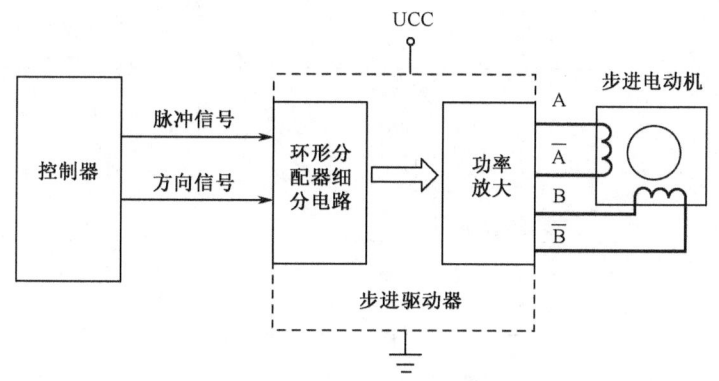

图 4-5 步进驱动器的工作原理

2．步进驱动器接线端子与接法

步进驱动器接线端子功能如图 4-6 所示。

各输入信号在驱动器内部的接口电路相同，各自相互独立，用户可根据需要采用共阳极接

项目 4 步进驱动系统的构建与调试

法或共阴极接法。如果所使用的上位机 PLC 为晶体管输出型，就不能采用共阴极接法。

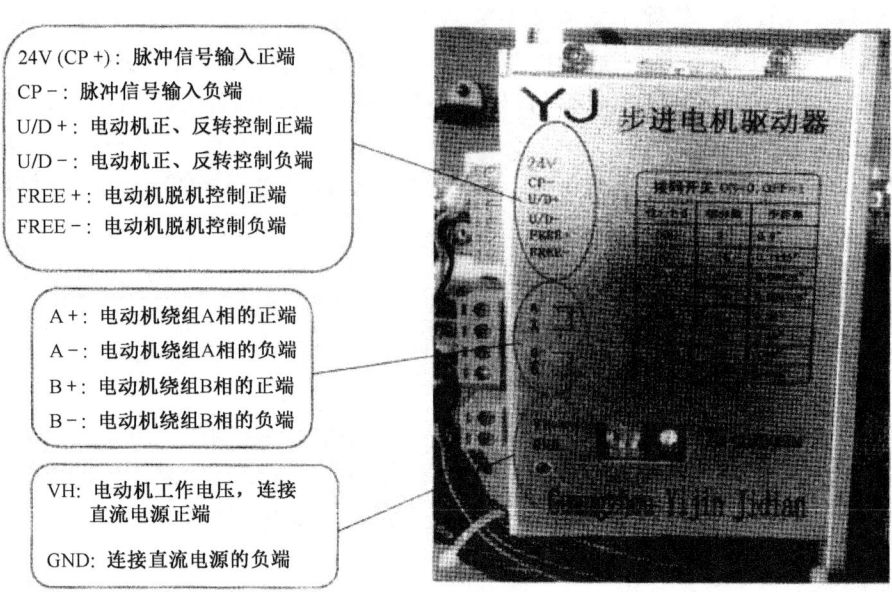

图 4-6　步进驱动器接线端子功能

步进驱动器共阳极输入信号接法如图 4-7 所示。

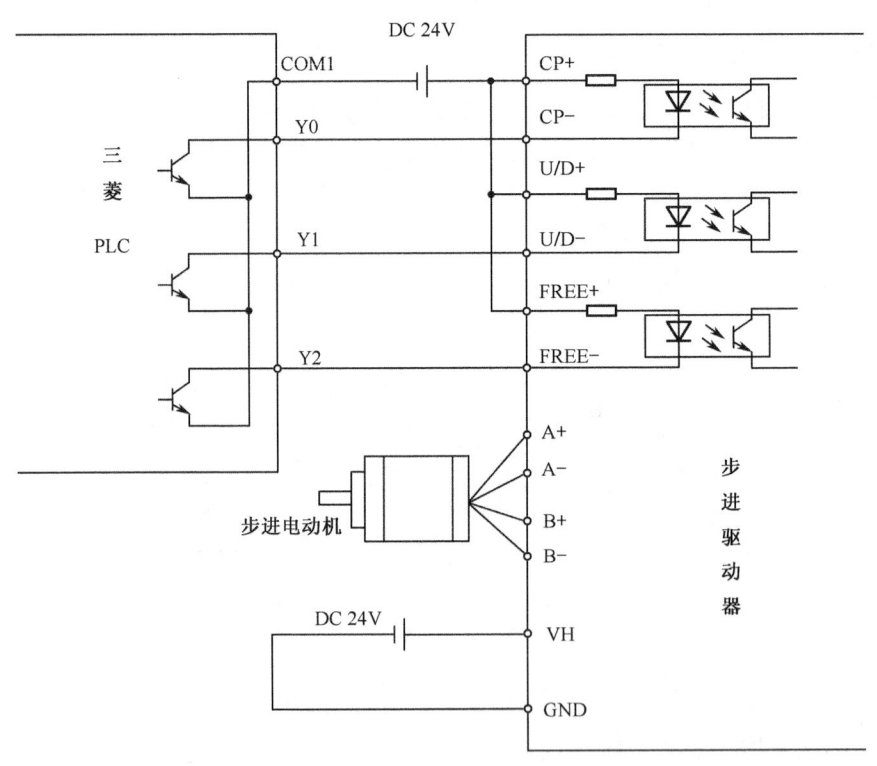

图 4-7　步进驱动器共阳极输入信号接法

4.1.3 PLC 控制程序

1. PLSY 和 PLSR 指令

1）PLSY 指令

脉冲输出指令 PLSY 的编号为 FNC57。其指令格式如图 4-8 所示。

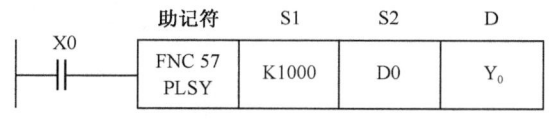

图 4-8 PLSY 指令格式

S1：表示输出脉冲的频率，其范围为 2～2000Hz。
S2：表示输出脉冲的个数，其范围为 1～32 767 个，设定值为 0 时表示连续输出脉冲。
D：表示输出脉冲的输出继电器 Y 编号，仅限 Y_0 和 Y_1 有效。

2）PLSR 指令

可调速脉冲输出指令 PLSR 的编号为 FNC59。该指令可以对输出脉冲进行加速，也可进行减速。其指令格式如图 4-9 所示。

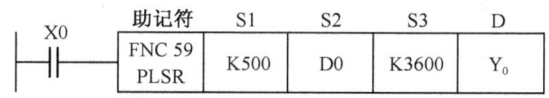

图 4-9 PLSR 指令格式

S1：表示输出脉冲的最高频率，其范围为 10～20 000Hz。
S2：表示输出脉冲的总个数，其范围为 110～32 767 个。
S3：表示加、减速时间，可设定范围为 0～5000ms。
D：表示输出脉冲的输出继电器 Y 编号，仅限 Y_0 和 Y_1 有效。

2. 步进电动机正、反转运行程序设计

步进电动机正、反转控制程序如图 4-10 所示。

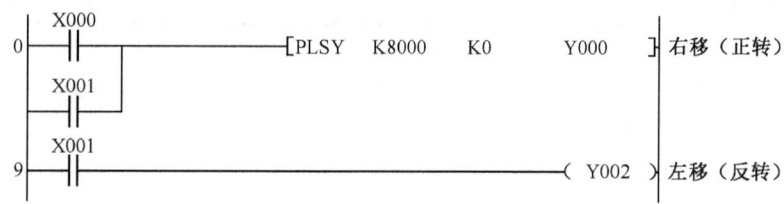

图 4-10 步进电动机正、反转控制程序

4.1.4 步进驱动器细分数与输出电流设定

（1）电流参数：1A。
（2）细分数设置：拨码开关 101，细分数 10，电动机步距角 0.18°，机械手步距角 0.00775°，机械手每转需 129 个脉冲。

任务实施

1. 绘制 PLC 的 I/O 分配表。

2. 写出搬运机械手的安装接线步骤并绘制接线示意图。

注意：机械手左右水平运动时设有左右两个极限位置开关，当运行碰到任何一个极限位置开关时，机械手将立即停止运动，接线、编程及调试时需考虑这一点。

安装及接线步骤	接线示意图	教师审核

3. 设计搬运机械手的运行程序。

4. 填写如表 4-1 所示的调试步骤表。

表 4-1 调试步骤表

调试步骤	描述该步骤下会出现的现象	教师审核
(1)		
(2)		
(3)		
(4)		
(5)		
(6)		
(7)		
(8)		

以下为参考步骤，可参照实施。
（1）准备工具及材料。
（2）任务实施前的相关检查。
（3）接线操作。
（4）编写控制程序。
（5）调试。

任务考核

1．学生自我评估和总结。

2．小组评估和总结。

3．教师评估和总结。

任务 4.2　利用步进驱动系统实现机械手的定位控制

任务引入

药粒自动瓶装系统中搬运机械手的水平移动定位控制主要由可编程控制器控制，由步进驱动器驱动和由步进电动机执行而实现的。机械手的运动过程为回原点、定位运行、返回停止。在移动过程中，若碰到相应方向的行程开关，机械手立即停止运动。搬运机械手的控制流程图如图 4-11 所示。

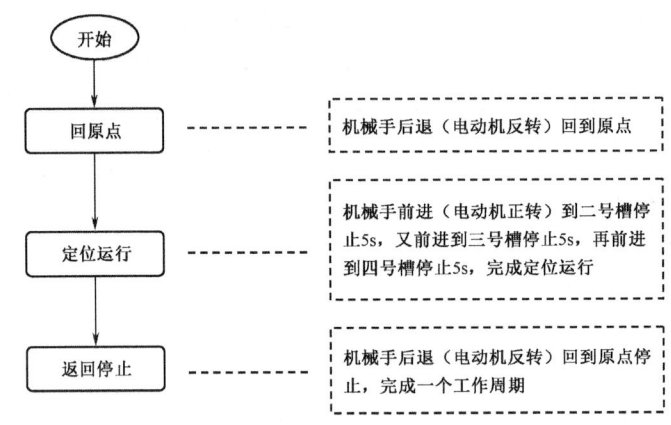

图 4-11　搬运机械手的控制流程图

任务目标

（1）根据控制要求完成系统接线。
（2）正确设置步进驱动器的细分数和保护电流。
（3）用 PLSY 或 PLSR 指令完成控制程序的编写。
（4）完成搬运机械手水平移动定位控制的运行调试。

相关知识

4.2.1　步进驱动器的细分设置

为了提高步进电动机的控制精度，现在的步进驱动器都具备了细分设置功能。所谓细分设置，是指通过设置驱动器来减小步距角。

步进驱动器的外壳上一般都附有细分设置表，如图 4-12 所示。设置时，对照驱动器上的细分设置表，通过拨动拨码开关即可实现细分设置。如设置细分数为 5，步距角为 0.36°，则需要分别拨动 3 个拨码开关（位 1、2、3），使它们分别为 1、0、0，即分别为 ON、OFF、OFF。

设置细分时，要注意以下几点。

① 一般情况下，细分数不能设置过大（数值越大，细分越细，步距角越小），因为在控制频率不变的情况下，细分数越大，电动机转速越慢，且电动机的输出转矩也越小。

② 驱动步进电动机的频率不能太高，一般不超过 2 kHz，否则电动机的输出转矩迅速减小。

细分设置表		
拨码开关ON=0，OFF=1		
位1,2,3	细分数	步距角
000	2	0.9°
001	16	0.1125°
010	32	0.05625°
011	64	0.028125°
100	5	0.36°
101	10	0.18°
110	20	0.09°
111	40	0.045°

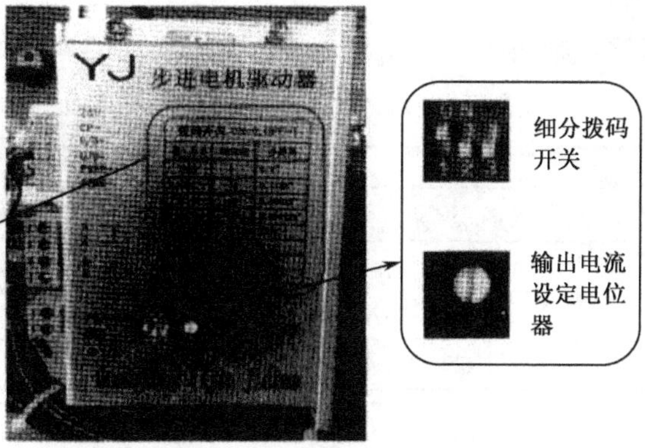

图 4-12 步进驱动器细分设置表

4.2.2 步进驱动器的输出电流设置

为了使步进驱动器对不同电动机有较宽的适应度，一般驱动器都有电流调节功能。输出电流设定电位器见图 4-12。电位器顺时针转动，输出电流增加；电位器逆时针转动，输出电流减小。

4.2.3 PLSY、PLSR 指令的应用案例

PLSY、PLSR 指令的格式及含义在任务 4.1 中已经讲解过，这里主要通过案例来学习一下实际使用方法。

1．案例描述

某工作台移动装置如图 4-13 所示，控制要求为：按下启动按钮 SB_1，工作台先执行回原点操作（压下 SQ_3 停止工作），接着右移 50 mm 处停止 5 s，返回原点停止；任何时候按下停止按钮 SB_2，工作台立即停止工作；按下按钮 SB_3，使步进电动机脱机，以方便调整工作台位置。

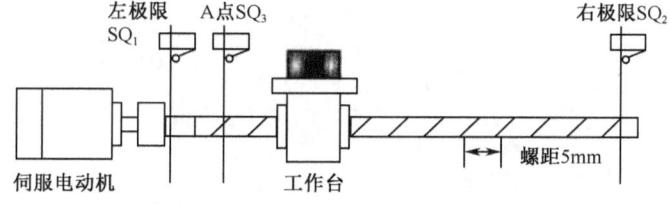

图 4-13 某工作台移动装置

2．案例分析

已知工作台传动丝杆螺距为 10 mm。假设步进驱动器设置细分为 5，步距角为 0.36°，则：
电动机转一周所需脉冲数=360/0.36=1000（个）
每个脉冲行走的距离=10/1000=0.01mm
工作台行走 50 mm 所需脉冲数=50/0.01=5000（个）

3．案例实施

（1）根据控制要求，绘制出 I/O 对照表，如表 4-2 所示。

表 4-2　I/O 对照表

输入信号			输出信号		
序号	输入点编号	注释	序号	输出点编号	注释
①	X0	启动 SB_1	1	Y0	脉冲输出
②	X1	停止 SB_2	2	Y1	方向信号输出
③	X2	脱机 SB_3	3	Y2	脱机信号输出
④	X3	原点位置 SQ_1		—	

（2）绘制出工作台移动装置系统连接图，如图 4-14 所示。

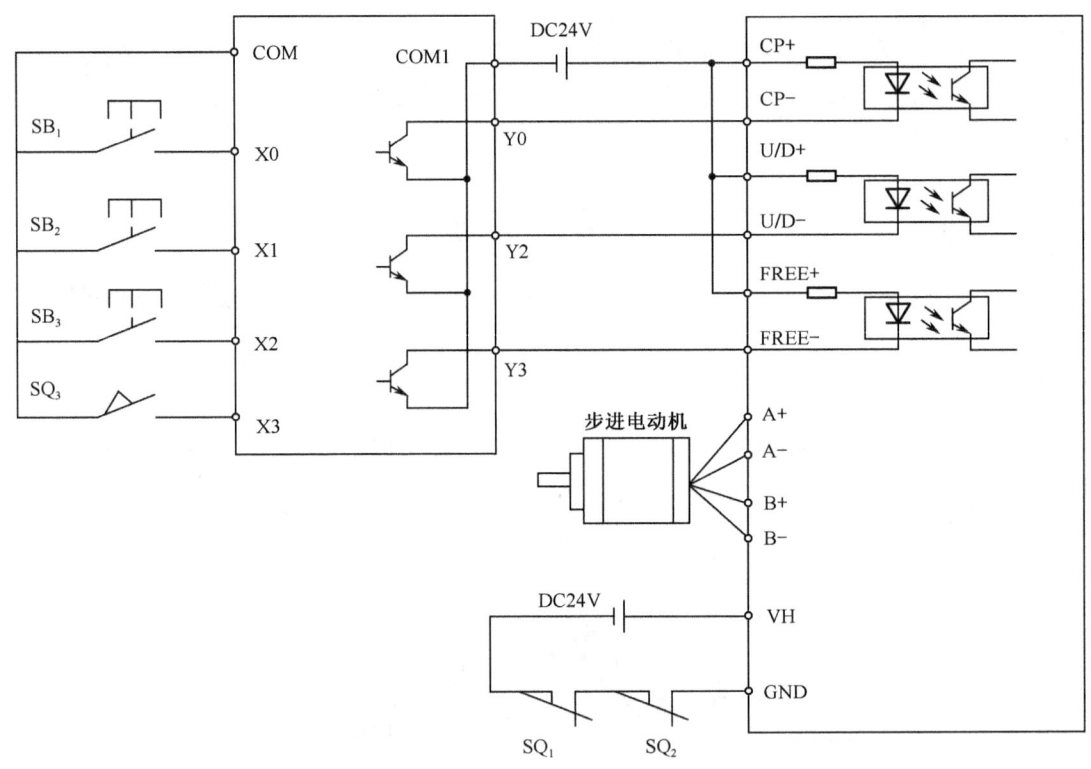

图 4-14　工作台移动装置系统连接图

（3）PLC 工作台运行控制程序，如图 4-15 所示。

任务实施

1．绘制出 PLC 的 I/O 分配表。

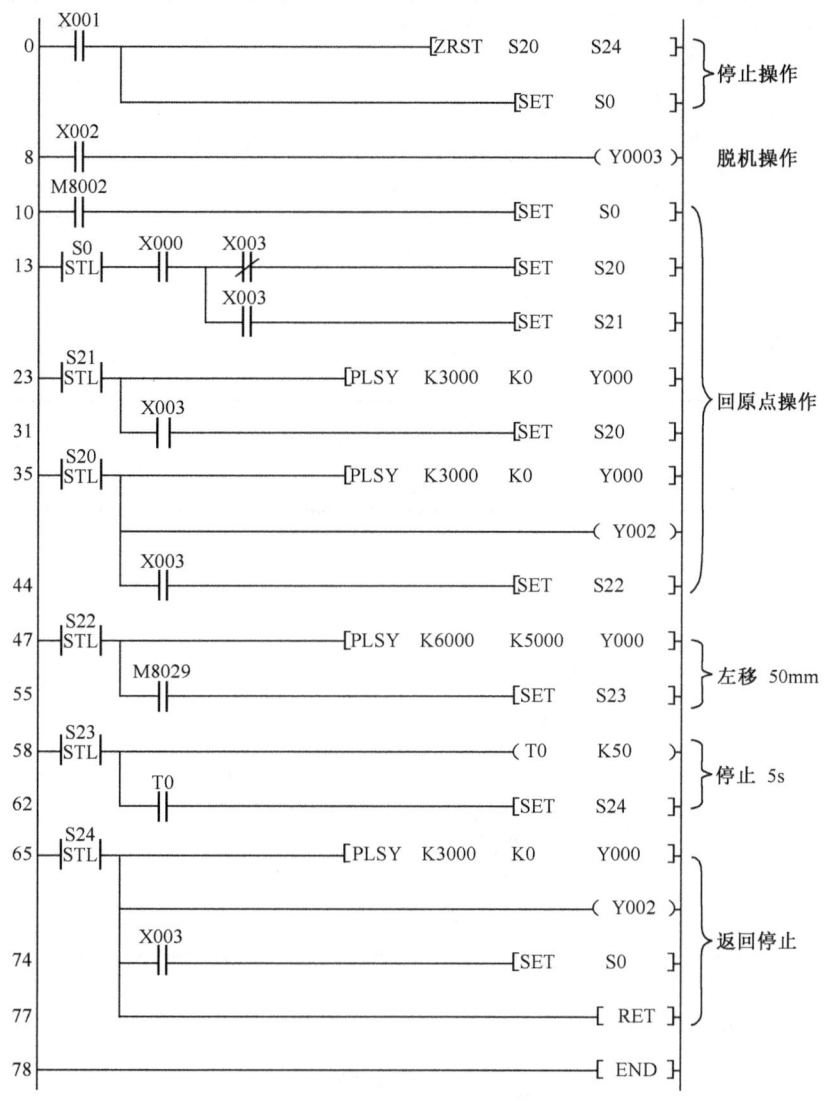

图 4-15 PLC 工作台运行控制程序

2. 写出搬运机械手的安装接线步骤并绘制接线示意图。

安装及接线步骤	接线示意图	教师审核

3. 设计搬运机械手的控制程序。

4. 将调试步骤填入表4-3。

表4-3 调试步骤

调试步骤	描述该步骤下会出现的现象	教师审核
（1）		
（2）		
（3）		
（4）		
（5）		
（6）		
（7）		
（8）		

以下为参考步骤，可参考实施。
（1）准备工具材料。
（2）任务实施前的相关检查。

(3) 接线操作。
(4) 编写控制程序。
(5) 根据任务控制要求进行调试。

任务 4.3 搬运机械手的应用设计

任务引入

药粒自动瓶装系统中的搬运机械手主要通过 PLC 的特殊功能模块 FX_{2N}-1PG、步进驱动器、步进电动机和气动系统实现运动控制，特别是定位控制，具有抓取和放松、上升和下降、左移和右移及 180°回转功能，从而将成品药瓶准确地送到仓库的各站点。

搬运机械手的控制流程如图 4-16 所示。

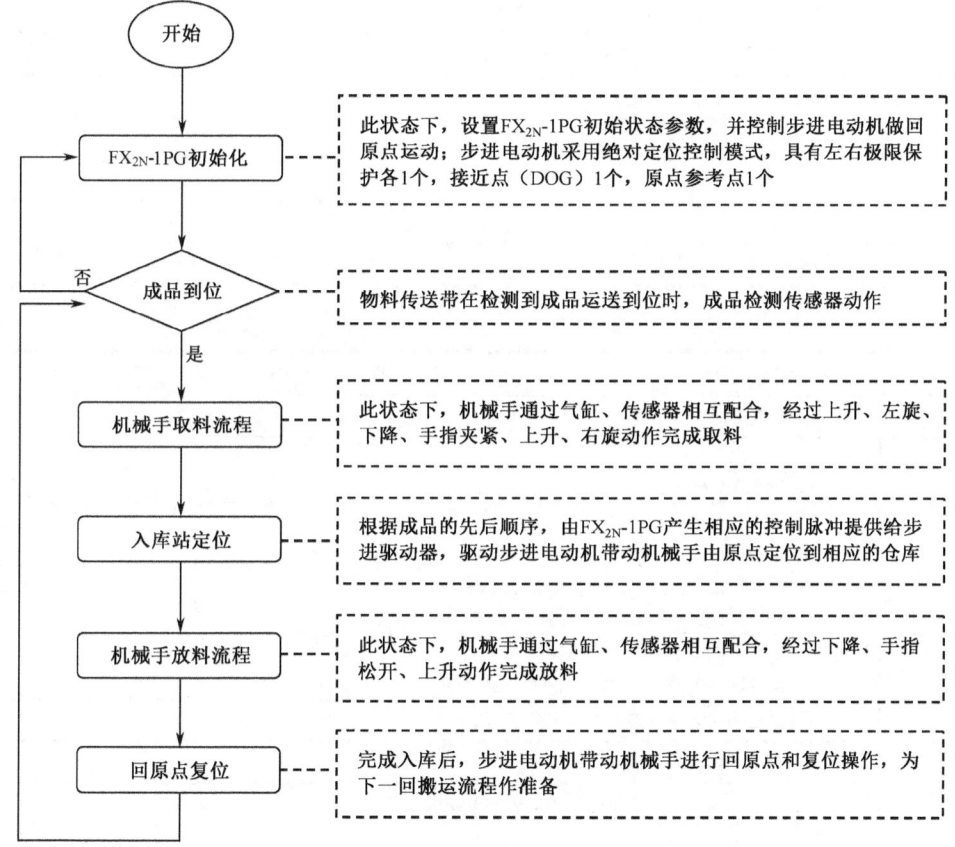

图 4-16 搬运机械手控制流程

任务目标

(1) 根据控制要求完成系统接线。
(2) 正确设置步进驱动器的细分数和保护电流。
(3) 利用定位模块（FX_{2N}-1PG）发出位置脉冲实现定位控制，使用 FROM、TO 指令编写控制程序。

相关知识

4.3.1 三菱 PLC 定位脉冲输出模块 FX$_{2N}$-1PG

FX$_{2N}$-1PG 定位输出模块，简称 PGU，可输出一相脉冲数、频率可变的定位脉冲（最大 100kHz，脉冲量 32 位），通过连接伺服电动机或步进电动机能实现 1 轴的简单定位控制。

1. FX$_{2N}$-1PG 状态指示灯与端子

FX$_{2N}$-1PG 状态指示灯说明与端子功能说明如表 4-4、表 4-5 所示，示意图如图 4-17 所示。

表 4-4 FX$_{2N}$-1PG 状态指示灯说明

指示灯	说明	
POWER	电源 ON 状态指示；指示灯 5V 电源由 PLC 提供	
STOP	STOP 端子输入信号为 ON 时，指示灯亮	
DOG	DOG 端子输入信号为 ON 时，指示灯亮	
PG0	零相信号为 ON 时，指示灯亮	
FP	正转脉冲输出时闪烁	输出模式由参数#3 定义
RP	反转脉冲输出时闪烁	
CLR	CLR 信号输出时，指示灯亮	
ERR	当 FX$_{2N}$-1PG 发生错误时，指示闪烁	

表 4-5 FX$_{2N}$-1PG 端子功能说明

端子	说明
SG	信号接地点与电源 0V 连接
STOP	减速停止输入点 外部停止指令操作输入点
DOG	不同模式时，具有下列功能： ① 机械原点复位模式时为近点信号输入端 ② 中断插入 1 速度位置定位模式时为中断插入信号输入端 ③ 外部信号定位模式时为减速开始输入点
S/S	STOP 及 DOG 输入端电源，24V DC 输入端连接传感器电源，由 PLC 或外部电源提供
PG0+	零相信号之间输入端，连接驱动器或外部电源（5~24V DC，35mA）
PG0-	由驱动器输出之零相信号输入端
VIN	脉冲输出的电源输入端，连接驱动器或外部电源供应器（5~24V DC，35mA）
FP	正转脉冲输出端（100kHz，5~24V DC，20mA）
COM0	正反转脉冲共节点
RP	反转脉冲输出端（100kHz，5~24V DC，20mA）
COM1	CLR 输出端共节点
CLR	计数器清零输出端，脉冲输出宽度 20ms；当原点复位完成或触动极限开关时，输出 5~24V DC，20mA

2. 缓冲寄存器（BFM）编号及内容

为了方便实现 PLC 对模块的控制，在三菱 PLC 的特殊功能模块中专门设置了用于 PLC

与模块进行信息交换的缓冲寄存器（Buffer Memory，BFM）。BFM 包括模块控制位号、模块参数等控制条件、工作状态信息、运算、处理结果、出错状态等内容。

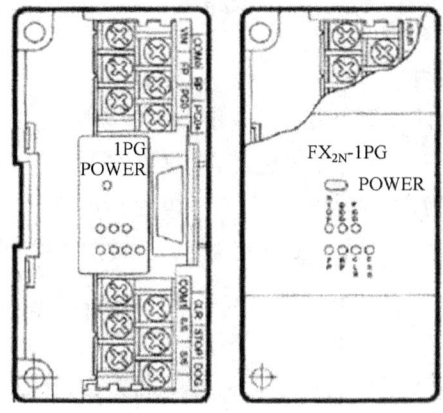

图 4-17 FX₂N-1PG 状态指示灯与端子示意图

FX₂N-1PG 的 BFM 编号及内容如表 4-6 所示。

表 4-6 FX₂N-1PG 的 BFM 编号及内容

BFM 编号		说明															
高位	低位	b15	b14	b13	b12	b11	b10	b9	b8	b7	b6	b5	b4	b3	b2	b1	b0
—	#0	电动机转一圈所需脉冲数（脉冲速率）						A	1~32767PLS/REV				初始值：2000 PLS/REV				
#2	#1	电动机转一圈的移动距离（进给速率）						B	1~999999				初始值：1000				
—	#3	STOP 输入模式	STOP 输入极性	开始计数点	DOG 输入极性	—	原位返回方向	旋转方向	脉冲输出格式	—	—	定位数据倍数 10~10³		—	—	系统单位	
#5	#4	最大速度					Vmax		10~100000Hz				初始值：100000Hz				
—	#6	启动速度					Vvia		1~1000Hz				初始值：0Hz				
#8	#7	JOG 速率					VJOG		10~100000Hz				初始值：10000Hz				
#10	#9	原点返回速率					VRT		10~100000Hz				初始值：5000Hz				
—	#11	原点返回爬行速率					VCR		10~100000Hz				初始值：1000Hz				
—	#12	用于原点返回的 0 点信号数目					N		0~32767PLS				初始值：10PLS				
#14	#13	原点位置					HP		0~±999999				初始值：0				
—	#15	加速/减速时间					Ta		50~5000ms				初始值：100ms				
—	#16	保留															
18	#17	设置位置 1					P1		0~±999999				初始值：0				
#20	#19	操作速率 2					V1		10~100000Hz				初始值：10Hz				
#22	#21	设置位置 2					P2		0~±999999				初始值：0				
#24	#23	操作速率 2					V2		10~100000Hz				初始值：10Hz				
—	#25	—	—	—	变速操作启动	外部命令定位启动	双速定位启动	中断单速定位启动	单速定位启动	相对/绝对位置	原点返回启动	JOG– 操作	JOG+ 操作	反向脉冲停止	正向脉冲停止	停止	错误复位
#27	#26	当前位置							CP				自动写入-2147483648~2147483647				
—	#28	—	—	—	—	—	—	定位结束标志	错误标志	当前位置溢出		PG0 输入 ON	DOG 输入 ON	STOP 输入 ON	原位返回结束	正/反旋转状态	准备好
—	#29	错误代码							当错误发生时，错误代码被自动写入								
—	#30	样式代码							5110 被自动写入								
—	#31	保留															

FX_{2N}-1PG 模块作为 PLC 特殊功能模块，其数据参数设置及操作指令必须通过 BFM 来设置，FX_{2N}-1PG 模块内有#0~#31 共 32 个数据寄存器，它们组成缓冲器，每个寄存器的数据长度为 16 位，部分参数的数据长度为 32 位，可使用两个相连编号的数据寄存器。

3．FROM 和 TO 指令说明

要将数据写入 BFM，必须先了解 PLC 与 FX_{2N}-1PG 间的体系结构关系。FX_{2N}-1PG 是独立于 PLC 主机外的扩充模块，以数据总线连接。模块依据安装位置先后自动设置为 K0~K7 编号地址，所以必须有特殊的 PLC 数据写入指令，再配合时序及逻辑控制写入 FX_{2N}-1PG 寄存器内。PLC、FX_{2N}-1PG、步进驱动器和步进电动机的体系结构关系如图 4-18 所示。

TO 指令写入
PLC
FX2N-1PG
FROM 指令读出
步进驱动器
步进电动机

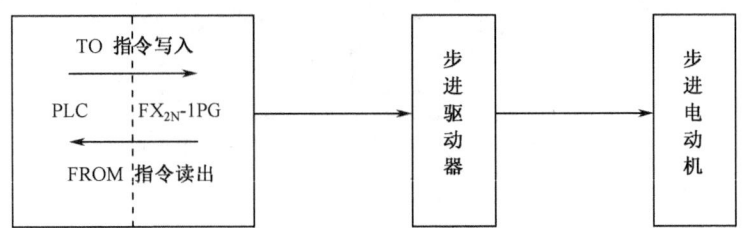

图 4-18　PLC、FX_{2N}-1PG、步进驱动器和步进电动机的体系结构关系

1）FROM 指令格式

FROM 指令格式如图 4-19 所示。

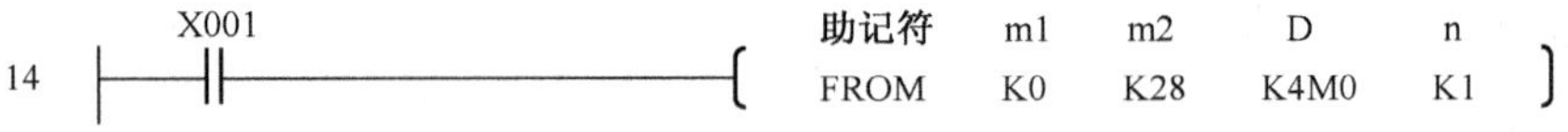

X001
14
助记符 m1 m2 D n
FROM K0 K28 K4M0 K1

图 4-19　FROM 指令格式

m1：特殊模块号码（从接近 FX_{2N} 主机开始计算，K0～K7 编号）。

m2：BFM 编号（m2 为 K0～K31）。

D：读出 BFM 数据后传送的目标，可指定 T、C、D、KnX、KnM、KnY、KnS、V、Z。

n：读出组数（n 为 K1～K32，若是 32 位指令，则 n=K1～K6）。

指令含义：将特殊模块 No.0 BFM#28 读到 M0～M15。

2）TO 指令格式

TO 指令格式如图 4-20 所示。

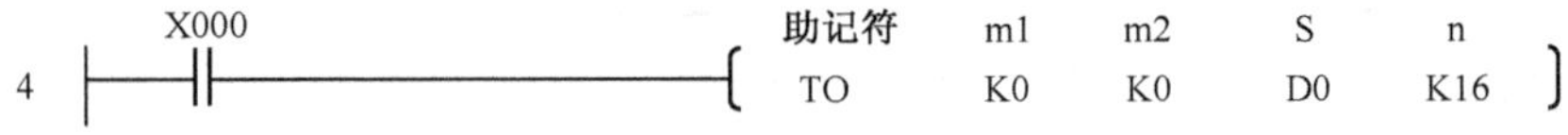

X000
4
助记符 m1 m2 S n
TO K0 K0 D0 K16

图 4-20　TO 指令格式

m1：特殊模块号码（从接近 FX_{2N}-1PG 主机开始计算，K0～K7 编号）。

m2：BFM 编号（m2 为 K0～K31）。

S：要发送至 BFMD 的数据地址，可指定 T、C、D、KnX、KnM、KnY、KnS、V、Z。

n：写入组数（n 为 K1～K32，若是 32 位指令，则 n=K1～K6）。

指令含义：将 D0～D15 写到特殊模块 No.0 BFM#0~#15。

4.3.2 定位模块 FX$_{2N}$-1PG 与步进驱动器的接线示范

定位模块 FX$_{2N}$-1PG 与步进驱动器的接线示意图如图 4-21 所示，实际接线图如图 4-22 所示。

4.3.3 搬运机械手运行程序设计举例

利用 FX$_{2N}$-1PG 特殊功能模块、步进驱动器和步进电动机驱动搬运机械手完成回原点及到达一个位置的定位控制。

1．步进驱动器的参数设置

（1）电流参数：1A。

（2）细分数设置：拨码开关为 101，细分数为 10，电动机的步距角为 0.18°，机械手步距角为 0.00775°，机械手每转 1°需 129 个脉冲。

2．搬运机械手运行程序设计

（1）FX$_{2N}$-1PG 初始设置程序如图 4-23 所示。

（2）FX$_{2N}$-1PG 运行状态读出程序如图 4-24 所示。

（3）FX$_{2N}$-1PG 定位运行程序如图 4-25 所示。

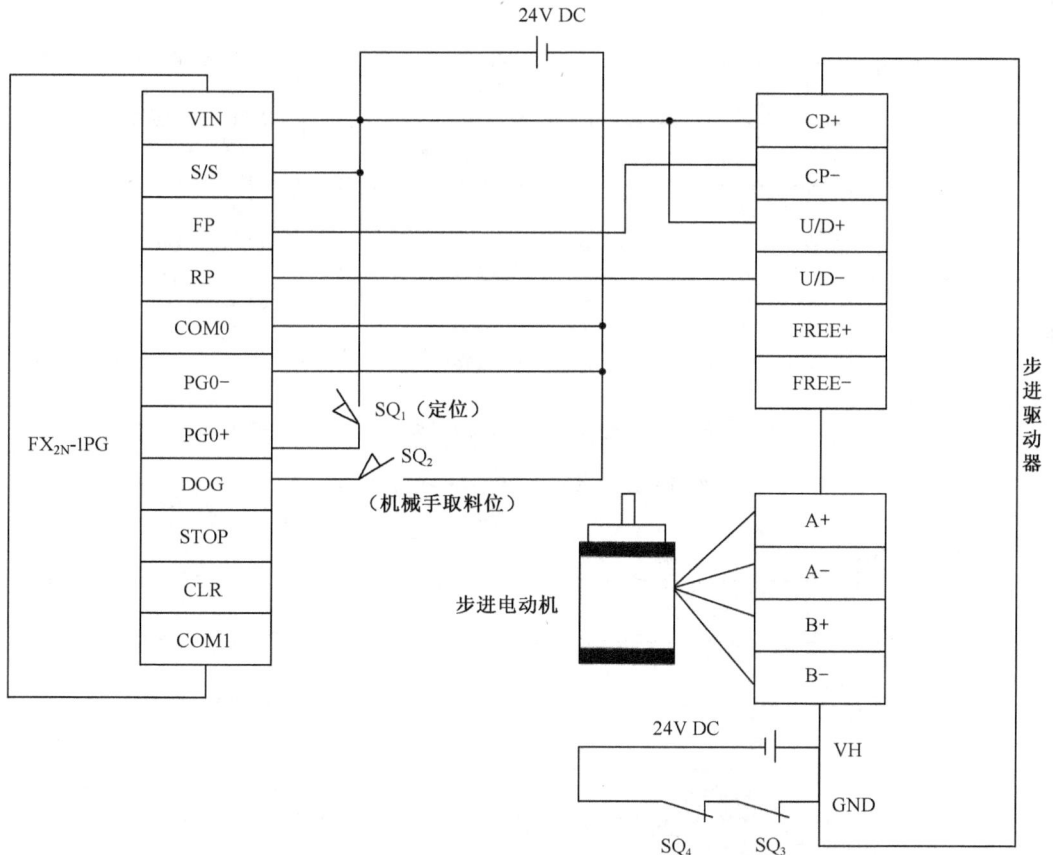

图 4-21　定位模块 FX$_{2N}$-1PG 与步进驱动器的接线示意图

检测输入
1PG端子
CLR STOP DOG
COM1 S/S S/S
VIN RP PG0+
COM0 FP PG0-
DC24V电源输出
DC24V+
0V
步进端子
CP+ U/D+ 定位+
CP- U/D- 定位-

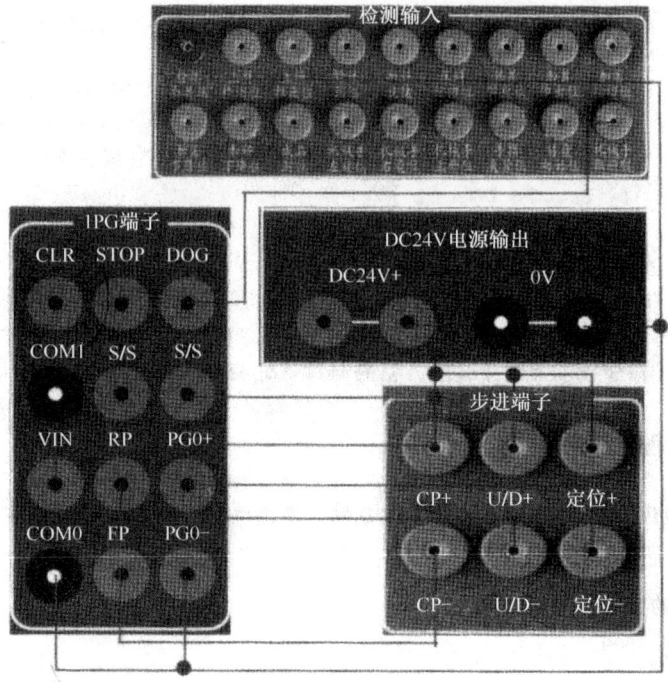

图 4-22　定位模块 FX2N-1PG 与步进驱动器的实际接线图

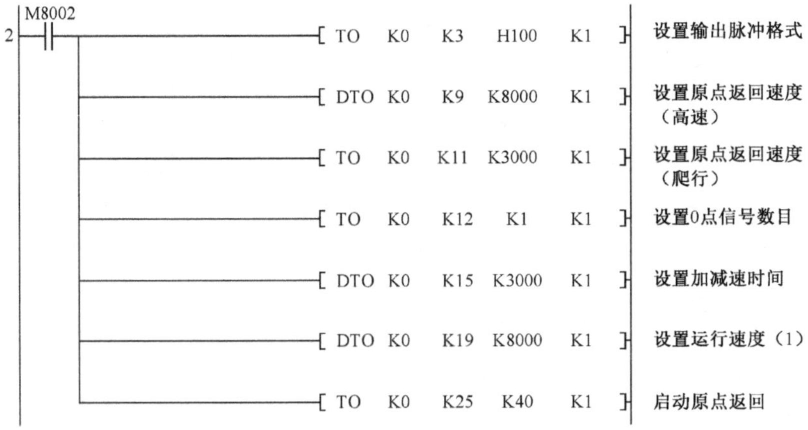

M8002
2
[TO K0 K3 H100 K1]
设置输出脉冲格式
[DTO K0 K9 K8000 K1]
设置原点返回速度（高速）
[TO K0 K11 K3000 K1]
设置原点返回速度（爬行）
[TO K0 K12 K1 K1]
设置0点信号数目
[DTO K0 K15 K3000 K1]
设置加减速时间
[DTO K0 K19 K8000 K1]
设置运行速度（1）
[TO K0 K25 K40 K1]
启动原点返回

图 4-23　FX2N-1PG 初始设置程序

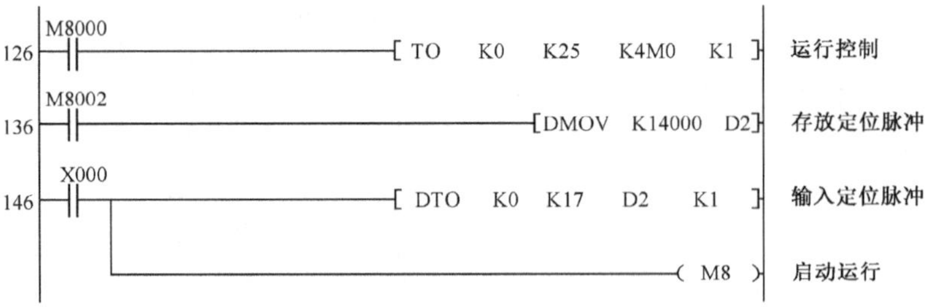

M8000
126
[TO K0 K25 K4M0 K1]
运行控制
M8002
136
[DMOV K14000 D2]
存放定位脉冲
X000
146
[DTO K0 K17 D2 K1]
输入定位脉冲
(M8)
启动运行

图 4-24　FX2N-1PG 运行状态读出程序

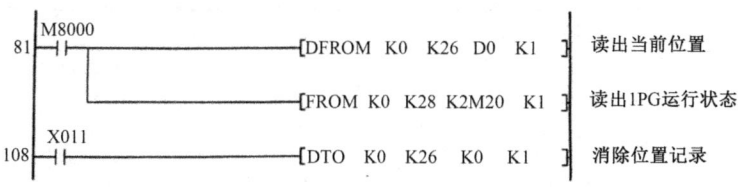

图 4-25 FX₂N-1PG 定位运行程序

任务实施

1. 绘制出 PLC 的 I/O 分配表。

2. 写出搬运机械手的安装接线步骤，绘制接线示意图。

安装及接线步骤	接线示意图	教师审核

3. 写出搬运机械手的运行程序。

项目 4　步进驱动系统的构建与调试　　▶▶▶　　127

4. 将调试步骤填入表 4-7。

表 4-7 调试步骤

调试步骤	描述该步骤下可能出现的现象	教师审核
（1）		
（2）		
（3）		
（4）		
（5）		
（6）		
（7）		
（8）		

以下为参考步骤，可参照实施。
（1）准备工具及材料。
（2）任务实施前的相关检查。
（3）接线操作。
（4）编写控制程序。
（5）调试。

任务考核

1. 学生自我评估和总结。

2. 小组评估和总结。

3. 教师评估和总结。

项目 5

伺服驱动系统的构建与调试

任务 5.1 认识交流伺服系统

任务引入

交流伺服系统是以交流伺服电动机为控制对象的自动控制系统,它主要由伺服控制器、伺服驱动器和伺服电动机组成。交流伺服系统主要有三种控制模式,分别是位置控制模式、速度控制模式和转矩控制模式。在不同的工作模式下,系统工作原理略有不同。

交流伺服系统的控制模式可通过伺服驱动器的参数来改变。

任务目标

(1)根据控制要求完成系统接线。
(2)完成伺服驱动器试运行调试。

相关知识

伺服系统是一种用来精确地跟随或复现某过程的反馈控制系统,又称随动系统。在很多情况下,伺服系统专指被控制量(输出量)是机械位移或位移速度、加速度的反馈控制系统,其作用是使输出的机械位移(或转角)准确地跟踪输入的位移(或转角)。伺服系统的结构组成和其他形式的反馈控制系统没有原则上的区别。伺服系统结构如图 5-1 所示。

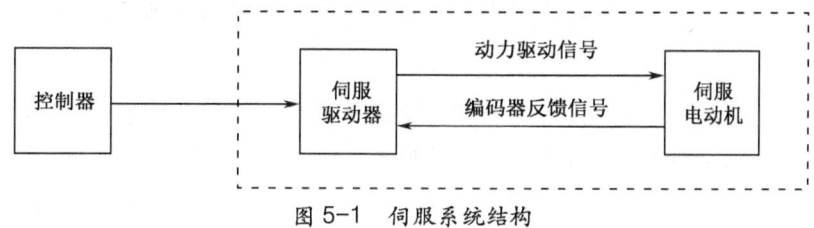

图 5-1 伺服系统结构

5.1.1 伺服电动机

伺服电动机是伺服系统中控制机械元件运转的电力驱动装置。伺服电动机可以将电压信号转化为转矩和速度等物理量以驱动控制对象,可以非常准确地控制速度和位移。

伺服电动机分直流伺服电动机和交流伺服电动机。交流伺服电动机又分为同步伺服电动机和异步伺服电动机。目前,在运动控制系统中一般用交流同步伺服电动机,尤其是永磁同步伺服电动机。

永磁同步伺服电动机主要由定子和转子构成,其定子结构与一般的异步电动机相同。永磁同步伺服电动机的转子与异步电动机不同,异步电动机的转子一般为鼠笼式,转子本身不带磁性,而永磁同步伺服电动机的转子上嵌有永久磁铁。

5.1.2 编码器

通常用编码器来检测伺服电动机的转速和位置。编码器装在伺服电动机的输出轴上,与电动机同步旋转,转动的同时将编码信号送回驱动器,驱动器根据编码信息判断伺服电动机的转向、转速及位置是否正确,据此调整驱动器输出的电源频率及电流大小。

编码器的种类很多,主要分为增量式和绝对式两类。绝对式编码器具有位置记忆功能,而增量式编码器无位置记忆功能。下面介绍增量式编码器。

1. 外形

增量式编码器的外形如图 5-2 所示。

图 5-2 增量型编码器的外形

2. 结构

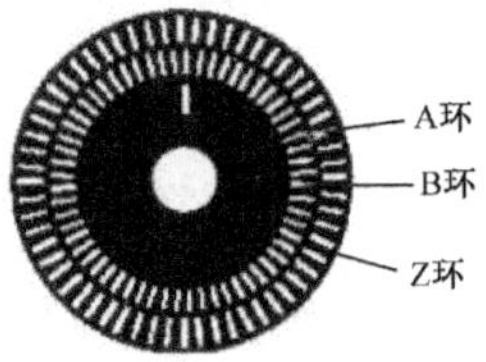

增量式光电编码器是一种较为常用的增量式编码器,它主要由玻璃码盘、发光管、光电接收管和整形电路组成。玻璃码盘的结构如图 5-3 所示,它从外往内分为三环,依次为 A 环、B 环和 Z 环,各环中的黑色部分不透明,白色部分透明可通过光线,玻璃码盘的中间安装转轴,码盘与伺服电动机同步旋转。

图 5-3 玻璃码盘的结构

3. 工作原理

增量式编码器的工作原理如图 5-4 所示。编码器的发光管发出光线,照射到玻璃码盘,光线分别通过 A、B 环的透明孔照射到 A、B 相的光电接收管上,从而得到 A、B 相脉冲,脉冲经过放大整形后输出,由于 A、B 环透明孔交错排列,故得到的 A、B 相脉冲相位差为 90°。Z 环只有一个透明孔,码盘旋转一周时只产生一个脉冲,该脉冲称为 Z 脉冲(零位脉冲),用来确定码盘的起始位置。

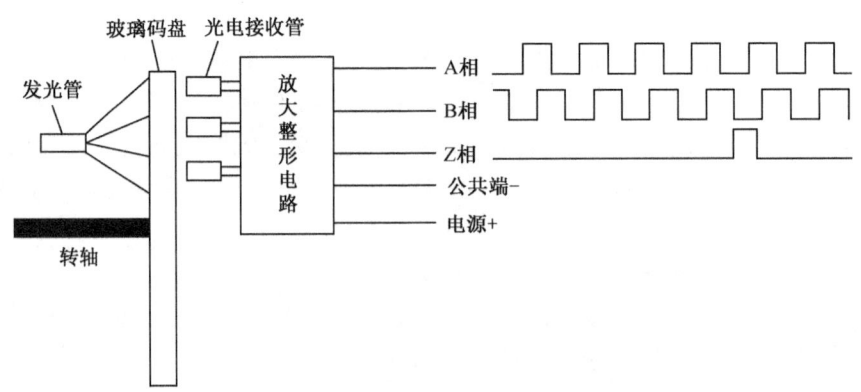

图 5-4 增量式编码器的工作原理

增量式编码器可以检测出伺服电动机的转向、转速和位置。由于 A、B 环上的透明孔交错排列,码盘正转时,A 环上的孔超前 B 环上的对应孔,编码器得到的 A 相脉冲相位较 B 相脉冲超前；玻璃码盘反转时，B 环上的孔超前 A 环上对应的孔，B 相脉冲就超前 A 相脉冲，因此了解 A、B 脉冲相位情况就能判断出玻璃码盘的转向，即电动机的转向。如果玻璃码盘 A 环上有 100 个透明孔，码盘旋转一周，编码器就会输出 100 个 A 相脉冲。如果玻璃码盘每秒转 10 圈，编码器每秒会输出 1000 个脉冲，即输出脉冲频率为 1kHz；如果玻璃码盘每秒转 50 圈，编码器每秒会输出 5000 个脉冲，输出脉冲频率为 5kHz。因此，了解编码器输出脉冲的频率就能知道电动机的转速。如果即码盘旋转会产生 100 个脉冲，从第一个 Z 相脉冲产生开始计算，编码器输出 25 个脉冲，表明一周码盘已经转到 1/4 周的位置；若编码器输出 1000 个脉冲，表明若码盘已经转到 10 周的位置。因此，得到编码器输出脉冲的数量就能知道电动机的位置。

5.1.3 伺服驱动器

1．伺服驱动器的技术参数

三菱 MR-J3-20A 伺服驱动器的型号构成及含义如图 5-5 所示。

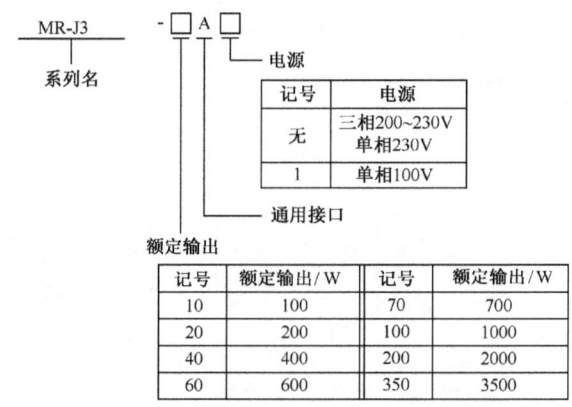

图 5-5　三菱 MR-J3-20A 伺服驱动器型号构成及含义

2．伺服驱动器接口与显示操作部分介绍

三菱 MR-J3-20A 伺服驱动器接口外观如图 5-6 所示，操作及显示说明如图 5-7 所示。

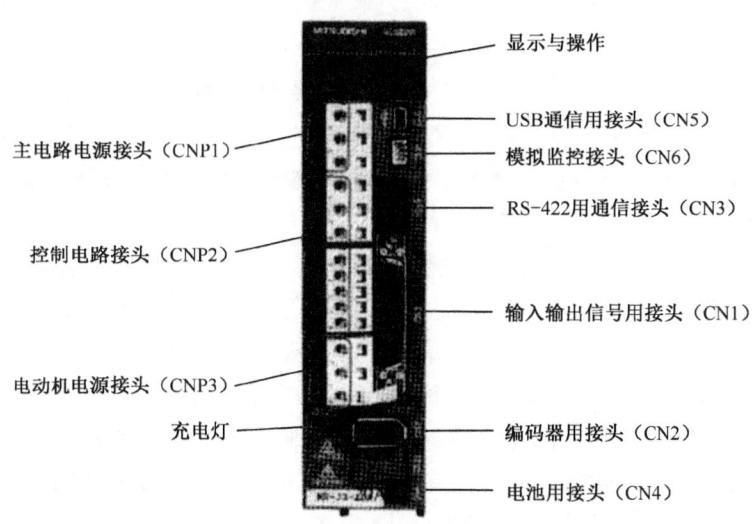

图 5-6　三菱 MR-J3-20A 伺服驱动器接口外观

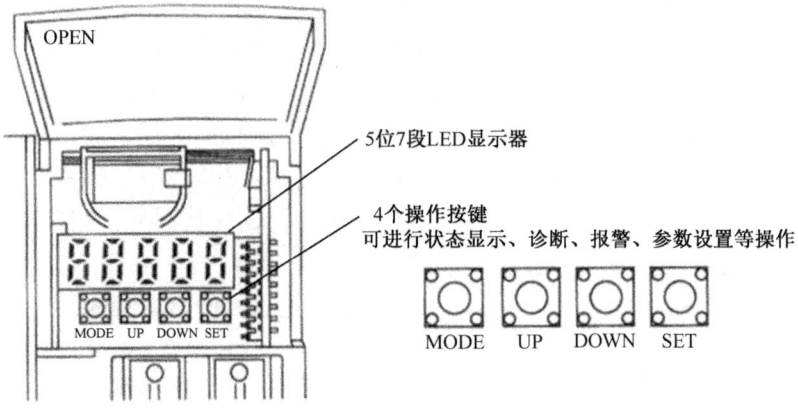

图 5-7　三菱 MR-J3-20A 伺服驱动器操作及显示说明

3．伺服驱动器的结构原理

三菱 MR-J3-20A 伺服驱动器主电路部分的结构组成与变频器的主回路结构原理相似，同样包含整流电路、滤波和浪涌保护电路、再生制动电路和逆变电路。

MR-J3-20A 主电路的结构如图 5-8 所示。

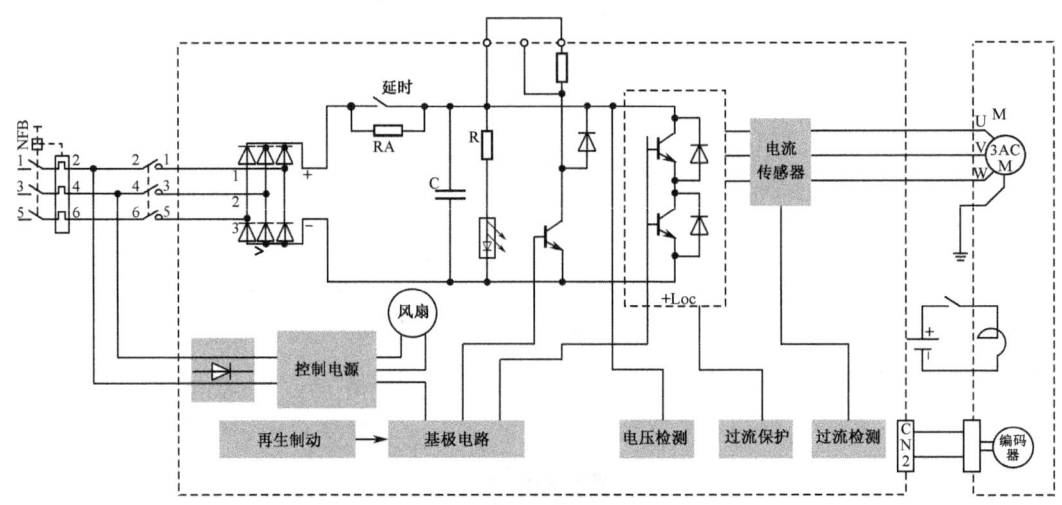

图 5-8　MR-J3-20A 主电路的结构

三菱 MR-J3-20A 伺服驱动器的控制回路主要为三环控制回路，如图 5-9 所示，最内环为电流环，中间环为速度环，外环为位置环。这三环的控制都采用 PID 调节，即每一环都设有设定值、当前值和输出值。

① 电流环：完全在伺服驱动器内部进行，通过霍尔装置检测驱动器输出到电动机各相的电流，并通过负反馈进行 PID 调节，从而达到输出电流尽量接近设定电流。电流环控制电动机转矩，所以在转矩模式下，驱动器运算量最小，动态响应最快。

② 速度环：通过装在伺服电动机上的编码器所检测到的信号进行负反馈 PID 调节。由于速度输出环的输出值即是电流环的输入值，因此控制速度环时就包含了电流环。实际上，任何模式都必须使用电流环，电流环是控制的根本，在速度和位置控制的同时也在进行电流(转矩)的控制，以达到对速度和位置的相应控制。

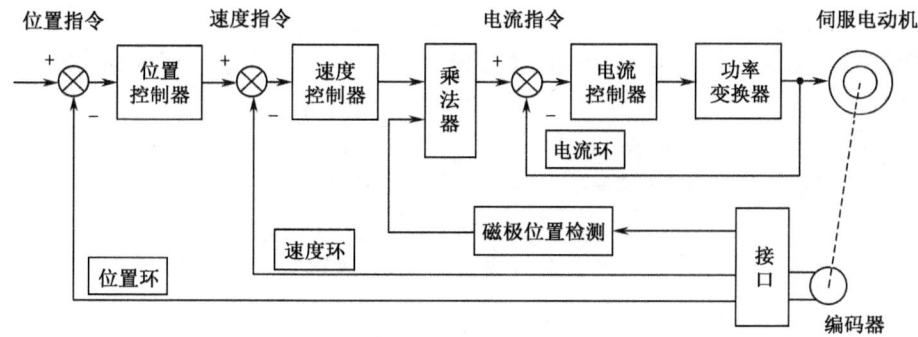

图 5-9 三菱 MR-J3-20A 伺服驱动器的控制回路

③ 位置环：外环，可以在驱动器和编码器之间构建，也可以在外部控制器与编码器或最终负载之间构建。由于位置控制环的内部输出就是速度环的输入，因此在位置控制模式下，系统进行了所有三个环的运算，此时系统的运算量最大，动态响应速度也最慢。

4．伺服驱动器的试运行

一般在实际运行之前系统需进行试运行，以确认机械能否正常工作。下面介绍伺服驱动器的试运行操作过程。

1）系统接线

系统接线图如图 5-10 所示。

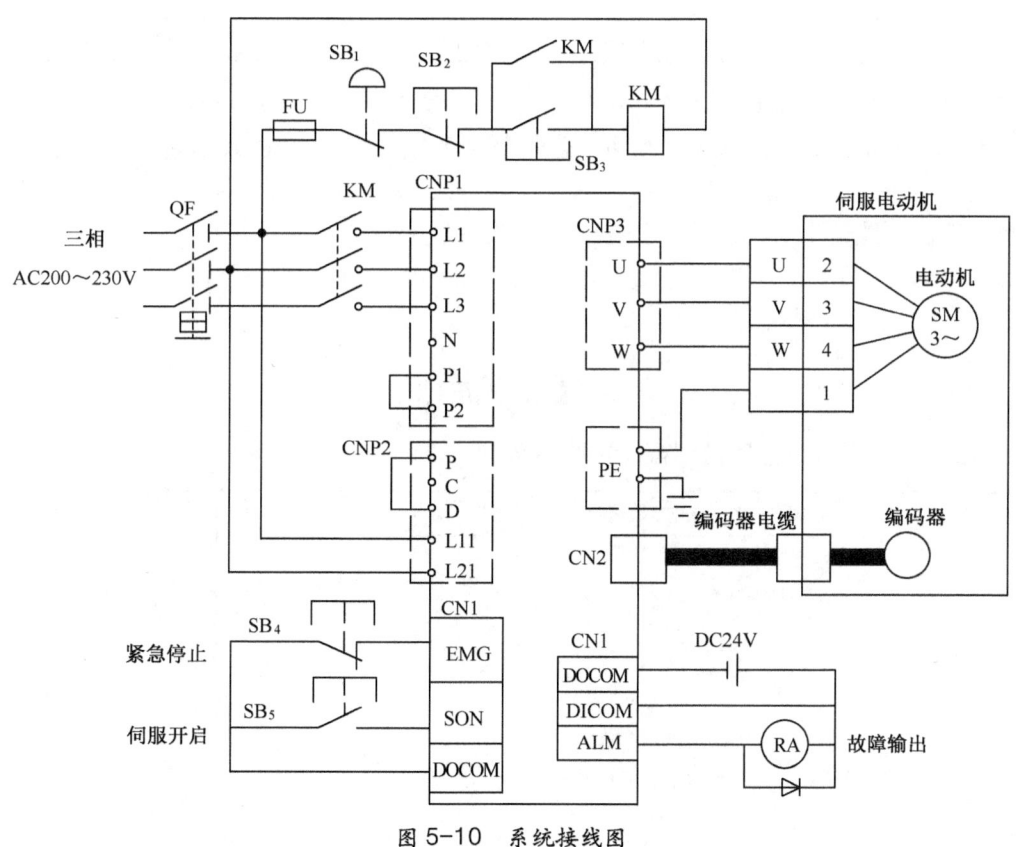

图 5-10 系统接线图

2）点动运行设置

电源接通后，按图5-11所示选择点动运行模式，使用MODE按钮切换到诊断画面。

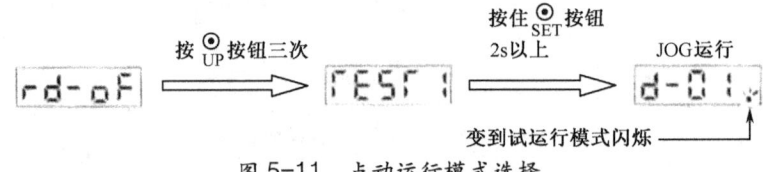

图5-11 点动运行模式选择

3）将SON、EMG、LSP、LSN置ON

伺服电动机正常运行时需要将SON（伺服开启）、EMG（紧急停止）、LSP（正转行程末端）和LSN（反转行程末端）置ON。SON和EMG端子通过外部接线置ON，而LSP和LSN端子既可通过外接置ON，也可通过设置参数PD01=0C00内部置ON，如图5-10所示。

4）在外部指令装置无输出指令状态下，执行点动运行

（1）操作运行：按住UP/DOWN按钮，可使伺服电动机正/反旋转；松开按钮，伺服电动机便停止。通过伺服设置软件可改变运行条件。伺服电动机运行的初始条件和设定范围如表5-1所示。

表5-1 伺服电动机运行的初始条件和设定范围

项目	初始设定值	设定范围
转速/(r/min)	200	0～瞬时允许转速
加减速时间常数/ms	1000	0～50000

（2）状态显示：可确认点动运行中伺服电动机的状态。在可以点动运行的状态下，按下MODE按钮，则显示"状态显示"画面。在这个画面上，通过UP/DOWN按钮进行点动运行。每按一次MODE按钮，就会移到下一状态显示画面。移动一周后，又回到点动运行状态。在运行模式下，不能使用UP/DOWN按钮切换到状态显示画面。

（3）点动运行结束：可以通过断开电源或按MODE按钮切换到另外画面，按下SET按钮2 s以上，可以结束点动运行。

任务实施

1．绘制出伺服系统速度控制模式接线示意图。

绘制出伺服系统速度控制模式接线示意图	教师审核

2. 将伺服驱动器所需要设置的参数填入表 5-2。

表 5-2 伺服驱动器参数表

序号	参数号	名称	设定范围	出厂设定	设定值	备注

3. 将伺服驱动器调试步骤填入表 5-3。

表 5-3 伺服驱动器调试步骤表

调试步骤	描述该步骤下可能出现的现象	教师审核
（1）		
（2）		
（3）		
（4）		
（5）		
（6）		
（7）		
（8）		

以下为参考步骤，可参照实施。
（1）准备工具及材料。
（2）任务实施前的相关检查。
（3）接线操作。
（4）编写控制程序。
（5）调试。

任务考核

1. 学生自我评估和总结。

2．小组评估和总结。

3．教师评估和总结。

任务5.2　伺服系统速度控制模式

任务引入

伺服系统在速度控制工作模式时，负载增大，伺服电动机的输出转矩也增大；负载转矩减小，伺服电动机的输出转矩也减小，从而维持圆形转盘工作台的转速不变。

任务目标

（1）完成伺服系统速度控制模式时的相关接线。
（2）设置伺服驱动器的相关参数，开启伺服驱动器的速度控制模式。
（3）在伺服电动机的驱动下，圆形转盘工作台可正、反转运行，配合速度选择按钮，使转盘工作台稳速运行在设定速度中。

相关知识

当交流伺服系统在速度控制模式工作时，伺服驱动器无须输入脉冲信号也可正常工作，此时的伺服驱动器类似于变频器，且能接收伺服电动机编码器送来的转速信息，所以伺服驱动器不仅能调节电动机转速，还能让电动机转速保持稳定。

5.2.1　伺服驱动器速度控制模式的相关接线

（1）主电路的接线，参见图5-8。
（2）速度控制模式下输入/输出信号的连接，如图5-12所示。

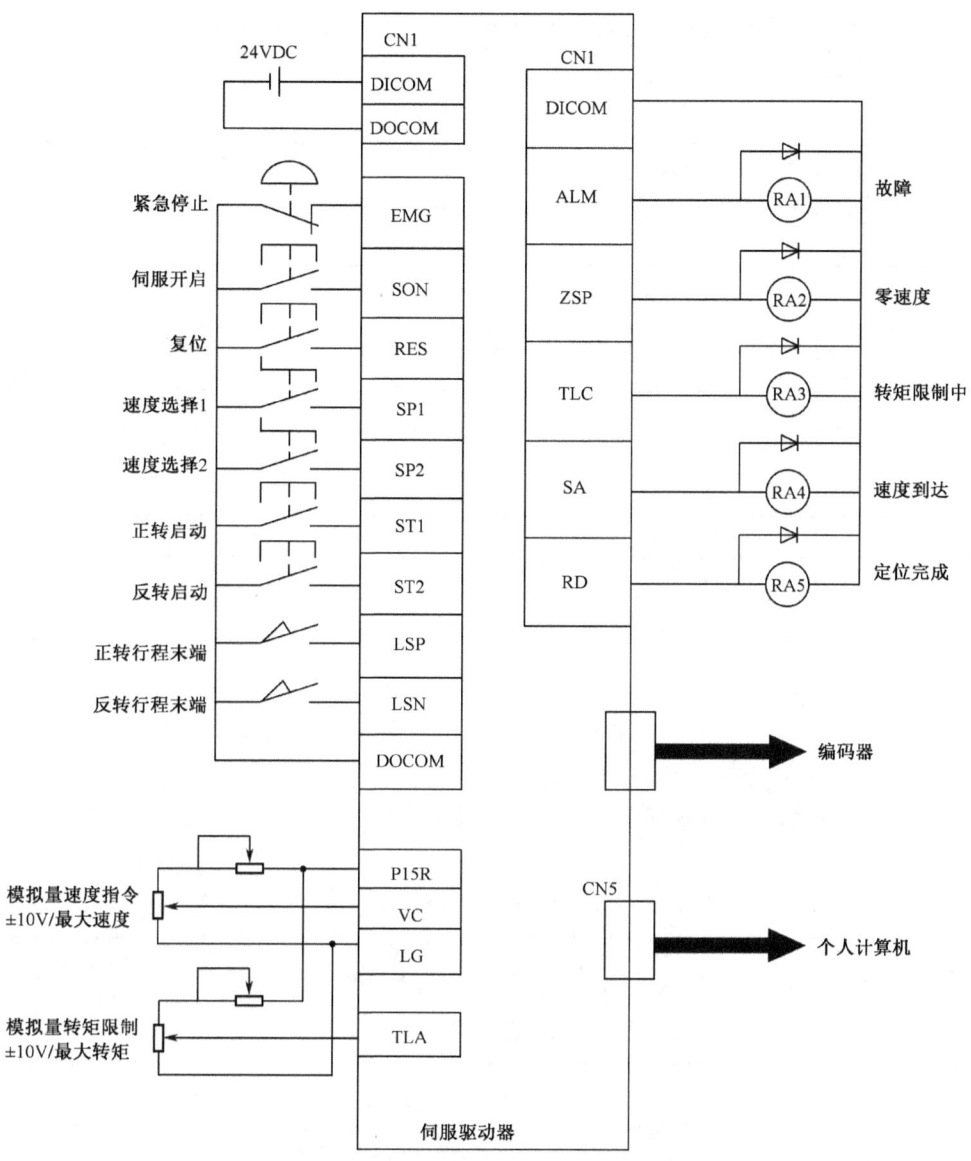

图 5-12 速度控制模式下的输入/输出信号连接

5.2.2 伺服驱动器速度控制模式的参数设置

1. 参数 PA19

伺服驱动器出厂状态下的基本设定参数、增益—滤波参数及扩展设定参数是可以改变的。为防止参数 PA19 的设定因不小心而被改变,可以将其设定为禁止写入。

参数 PA19 的介绍如表 5-4 所示。

表 5-4 参数 PA19 介绍

参数			初始值	设定范围	控制模式		
No	简称	名称			位置	速度	转矩
PA19	BLK	参数写入禁止	000Bh	见表 5-5	√	√	√

表 5-5 所示为参数 PA19 所设定的参数说明，列举了参数是否可读出或写入，其中 √ 表示可以读/写，× 表示不可读/写。

表 5-5　参数 PA19 所设定的参数说明

参数 PA19 的设定值	设定值的操作	基本设定参数 PA□□	增益—滤波参数 PB□□	扩展设定参数 PC□□	输入/输出设定参数 PD□□
0000h	读出	√	×	×	×
	写入	√	×	×	×
000Bh（初始值）	读出	√	√	√	×
	写入	√	√	√	×
000Ch	读出	√	√	√	√
	写入	√	√	√	√
000Bh	读出	√	×	×	×
	写入	仅参数 PA19	×	×	×
000Ch	读出	√	√	√	√
	写入	仅参数 PA19	×	×	×

2．控制模式的选择

MR-J3-20A 伺服驱动器共有 6 种操作模式，分别为位置控制模式、位置/速度控制模式、速度控制模式、速度/转矩控制模式、转矩控制模式和转矩/位置控制模式。

参数 PA01 的介绍如表 5-6 所示，可用于设置伺服驱动器的操作模式，其设定值如表 5-7 所示。

表 5-6　参数 PA01 介绍

参数			初始值	设定范围	控制模式		
No	简称	名称			位置	速度	转矩
PA01	*STY	控制模式	0000h	参照表 5-7	√	√	√

表 5-7　参数 PA01 的设定值

参数 PA01 的设定值	含义	参数 PA01 的设定值	含义
0	位置控制模式	3	速度/转矩控制模式
1	位置/速度控制模式	4	转矩控制模式
2	速度控制模式	5	转矩/位置控制模式

3．加减速时间常数

加减速时间常数介绍如表 5-8 所示，其含义如图 5-13 所示。

表 5-8　加减速时间常数介绍

参　数			初始值	设定范围	控制模式		
No	简称	名称			位置	速度	转矩
PC01	STA	加速时间常数	0	0～50000ms	×	√	√
PC02	STB	减速时间常数	0	0～50000ms	×	√	√

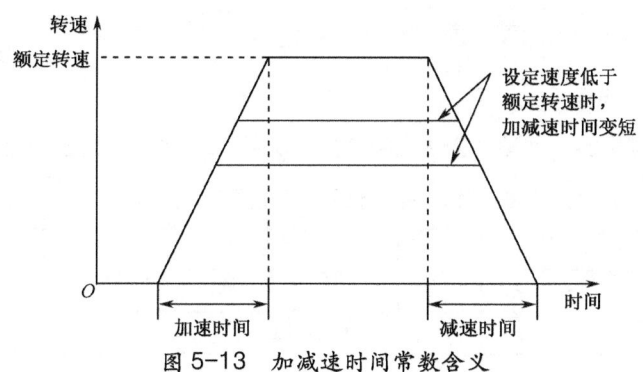

图 5-13 加减速时间常数含义

4. 模拟速度指令的最大转速

设定模拟速度指令（VC）在最大输入电压（10V）时的转速为模拟速度指令的最大转速，如表 5-9 所示。如果设定值为 0，即为伺服电动机的额定转速。

表 5-9 模拟速度指令的最大转速

参数			初始值	设定范围	控制模式		
No	简称	名称			位置	速度	转矩
PA12	VCM	模拟速度指令的最大转速	0	0~50000r/min	×	√	×

5. 输入信号自动 ON 选择 1

输入信号自动 ON 选择 1 的设置，如表 5-10 和图 5-14 所示。

表 5-10 输入信号自动 ON 选择 1 的设置

参数			初始值	设定范围	控制模式		
No	简称	名称			位置	速度	转矩
PD01	*DIA1	输入信号自动 ON 选择 1	0000h	参照图 5-14	√	√	√

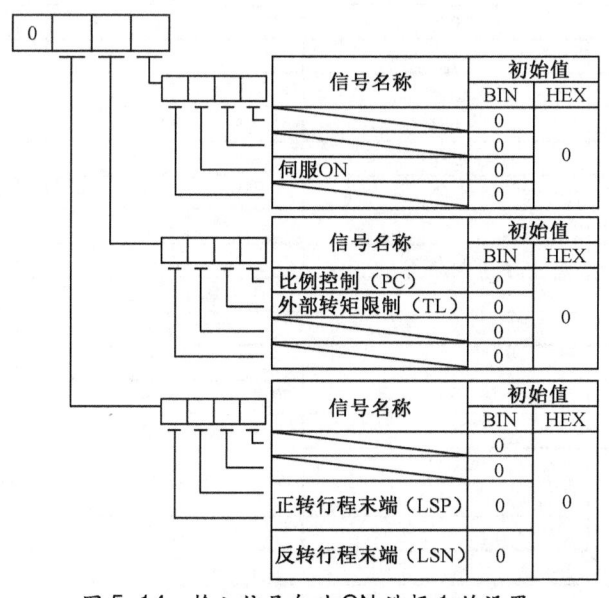

图 5-14 输入信号自动 ON 选择 1 的设置

例如，设置伺服开启（SON）置 ON 时，设定值为"□□□4"。

6．输入信号端子选择 1

CN-15（SON）管脚可以分配给任意的输入端子，输入信号端子选择 1 的设置如表 5-11 所示。

表 5-11　输入信号端子选择 1 的设置

参数			初始值	设定范围	控制模式		
No	简称	名称			位置	速度	转矩
PD03	*DI1	输入信号端子选择 1	00020202h	参照表 5-12	√	√	√

需要注意的是，由于控制模式不同，设定值的位和可以分配的信号也不同，如图 5-15 所示。

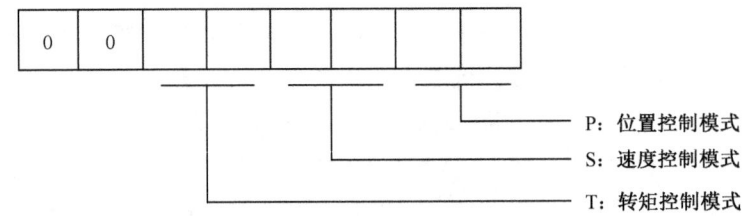

图 5-15　不同控制模式的位和分配信号

各控制模式下可以分配的端子如表 5-12 所示，设定为其他端子时无效。

表 5-12　输入信号端子选择 1 的设置

设定值	控制模式		
	P	S	T
00	—	—	—
01	制造商设定用		
02	SON	SON	SON
03	RES	RES	RES
04	PC	PC	—
05	TL	TL	—
06	CR	CR	CR
07	—	ST1	RS2
08	—	ST2	RS1
09	TL1	TL1	—
0A	LSP	LSP	—
0B	LSN	LSN	—
0C	制造商设定用		
0D	CDP	CDP	—
0E~0F	制造商设定用		
20	—	SP1	SP1
21	—	SP2	SP2
22	—	SP3	SP3
23	LOP	LOP	LOP
24	COM1	—	—
25	COM1	—	—
26	—	STAB2	STAB2
27	制造商设定用		

例如，在速度控制模式下，将 SON 端子改为 SP3，则应设定 PD03=00002200h。

5.2.3 速度的设定

电动机运行速度的设置有两种方式，一是按照参数设定的速度运行；二是按照模拟量设定的速度运行。

1. 模拟量运行速度的设定

如图 5-16 所示为模拟量输入电压与电机转速关系图，伺服电动机如需按逆时针或顺时针旋转，则对应的输入电压为+10 V 或 –10 V。±10 V 对应最大转速，且最大转速正好为额定速度。±10 V 对应的速度可由参数设定，用正转启动信号 ST1 和反转启动信号 ST2 决定旋转方向。

外部输入信号 ST1 和 ST2 开关状态可分为以下 4 种。一是当 ST1 和 ST2 都置 0 时，模拟量速度指令（VC）及内部速度指令都处于伺服锁定状态。二是当 ST1 置 1 且 ST2 置 0 时，若 VC 输入为正电压，则伺服电动机逆时针旋转；若 VC 输入为负电压，伺服电动机顺时针旋转；若 VC 输入为 0，则伺服系统处于停止状态，在内部速度指令 1 时，伺服电动机逆时针旋转。三是当 ST2 置 1 且 ST1 置 0 时，若 VC 输入正电压，则伺服电动机顺时针旋转；若 VC 输入为负电压，则伺服电动机逆时针旋转；若 VC 输入为 0，则伺服电动机处于停止状态，在内部速度指令 2 时，伺服电动机顺时针旋转。四是当 ST1 和 ST2 都置 1 时，伺服处于锁定状态。

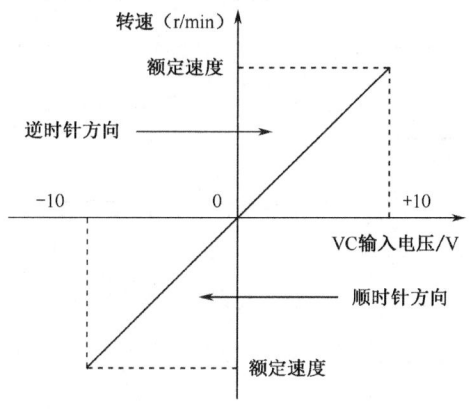

图 5-16 模拟量输入电压与电机转速关系图

2. 通过参数设置运行速度

用 SP1 和 SP2 选择内部速度指令 1~3 或模拟量指令（VC）作为速度设定。模拟量速度设定是指对 SP1、SP2 和 SP3 电平信号状态的设定。设定方法有两类，设置 SP1 和 SP2（速度选择指令表如表 5-13 所示），或 SP1、SP2 和 SP3 都设定（SP3 有效时速度指令表如表 5-14 所示）。

表 5-13 速度选择指令表

外部输入信号		速度指令	初始值	设定范围
SP2	SP1			
0	0	模拟量速度指令（VC）	—	0~瞬时允许速度
0	1	内部速度指令 1（参数 PC05）	100r/min	0~瞬时允许速度
1	0	内部速度指令 2（参数 PC06）	500r/min	0~瞬时允许速度
1	1	内部速度指令 3（参数 PC07）	1000r/min	0~瞬时允许速度

表 5-14 SP3 有效时速度指令表

外部输入信号			速度指令	初始值	设定范围
SP3	SP2	SP1			
1	0	0	内部速度指令 4（参数 PC08）	200r/min	0～瞬时允许速度
1	0	1	内部速度指令 5（参数 PC09）	300r/min	0～瞬时允许速度
1	1	0	内部速度指令 6（参数 PC10）	500r/min	0～瞬时允许速度
1	1	1	内部速度指令 7（参数 PC11）	800r/min	0～瞬时允许速度

5.2.4 速度的到达

如图 5-17 所示为速度控制模式下速度到达时序图，伺服电动机的速度达到所设定的速度附近时，SA-DICOM 之间导通。设定速度选择通过内部指令 1 和 2 来实现，速度到达（SA）为高电平的条件如下：① 内部速度指令 1 或 2 接通；② 开始运行（ST1、ST2）为高电平；③ 伺服电动机速度达到一个恒定不变值。

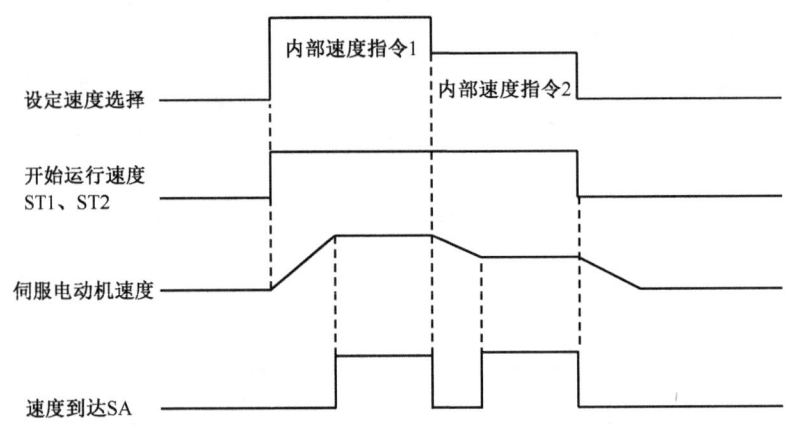

图 5-17 速度控制模式下速度到达时序图

注意，参数设定完成后，需要重启伺服驱动器，参数功能方能生效。

任务实施

1. 绘制出伺服系统速度控制模式的接线示意图。

绘制出伺服系统速度控制模式的接线示意图	教师审核

2. 将伺服驱动器所需设置的参数填入表 5-15。

表 5-15　伺服驱动器参数

序号	参数号	名　　称	设定范围	出厂设定	设定值	备注

3. 将调试步骤填入表 5-16。

表 5-16　调试步骤

调试步骤	描述该步骤下可能出现的现象	教师审核
（1）		
（2）		
（3）		
（4）		
（5）		
（6）		
（7）		
（8）		

以下为参考步骤，可参照实施。
（1）准备工具及材料。
（2）任务实施前的相关检查。
（3）接线操作。
（4）试运行与参数设定。
（5）调试。

任务考核

1. 学生自我评估和总结。

2．小组评估和总结。

3．教师评估和总结。

任务5.3 伺服系统转矩控制模式

任务引入

伺服系统在转矩控制模式下工作时，能够保证电动机的输出转矩不变，即当负载变化时，输出转速也随之改变，以保证输出转矩的不变。通过调节转矩电位器或设置内部转矩指令，可调节输出转矩。

任务目标

（1）完成伺服系统转矩控制模式下的相关接线。
（2）设置伺服驱动器的相关参数，开启伺服驱动器的转矩控制模式。
（3）在伺服电动机的驱动下，圆形转盘工作台可正/反转运行，调节电位器可设定圆形转盘工作台的旋转速度。

相关知识

所谓转矩控制模式，就是将伺服电动机输出转矩的最大值由外部信号限制在限定值内，电动机的旋转速度也限制在限定值内。当负载转矩小于限定转矩时，电动机加速，但限制在限定速度值之下工作；当负载转矩大于限定转矩时，电动机的转速随负载的变化而变化或停转。

5.3.1 伺服驱动器转矩控制模式时的相关接线

（1）主电路的接线示意图，参见任务 5.1 中的图 5-8。

（2）转矩控制模式下的输入、输出信号的连接，如图 5-18 所示。

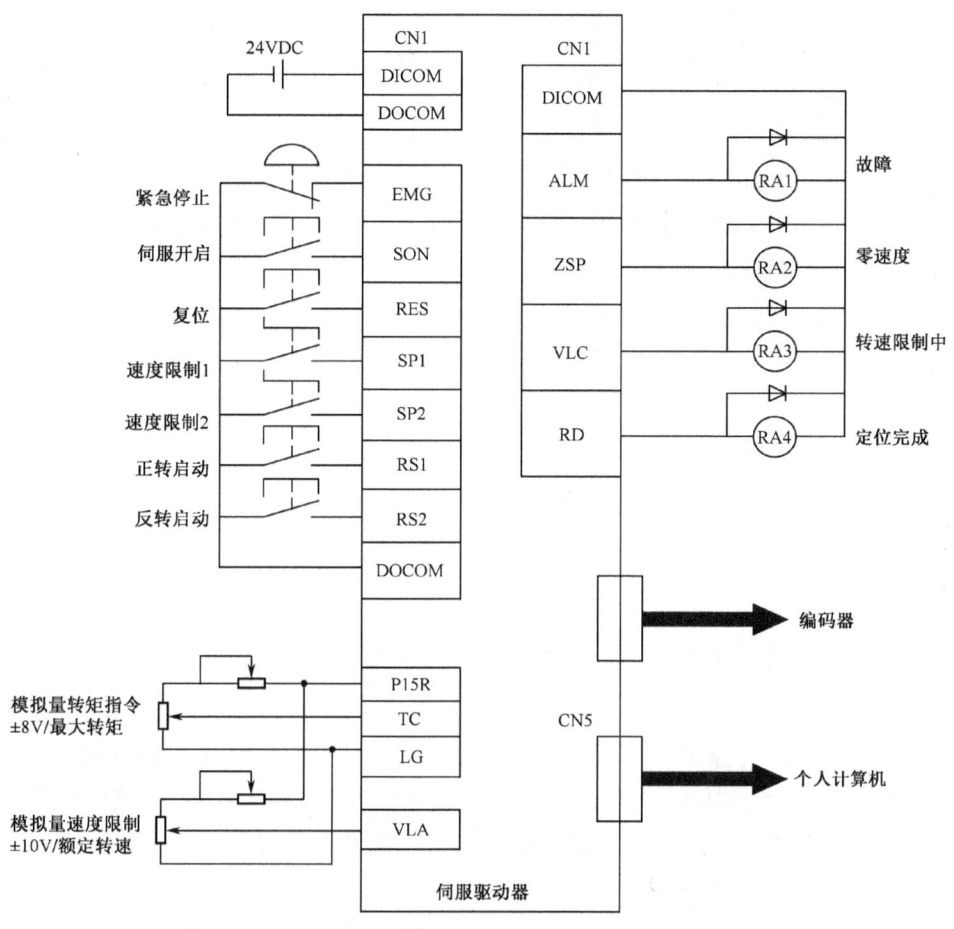

图 5-18 转矩控制模式下的输入、输出信号连接

5.3.2 伺服驱动器转矩控制模式的参数设置

转矩控制模式的典型参数设置如表 5-17 所示。

表 5-17 转矩控制模式的典型参数设置

参数	名称	初始值	设定值	说明
PA01	控制模式	0000	0004	转矩控制模式
PC01	加速时间常数	0	1000	加速时间为 1000 ms
PC02	减速时间常数	0	1000	减速时间为 1000 ms
PC05	内部速度限制	100	800	最高速度限制在 800 r/min 以内
PC12	模拟速度限制最大转速	0	800	最大电压时对应的转速为 800 r/min
PC13	模拟转矩指令最大输出	100	100	最大电压（8V）时对应的最大输出转矩为 100%（倍率）

1．转矩限制

转矩限制参数如表 5-18 所示。

表 5-18 转矩限制参数

参数			单位	初始值	设定范围	控制模式		
No	简称	名称				位置	速度	转矩
PA11	TLP	正转转矩限制	%	100	0~1000	√	√	√
PA12	TLN	反转转矩限制	%	100	0~1000	√	√	√

如果设定了参数 PA11（正转转矩限制）或 PA12（反转转矩限制）在运行中一直会限制最大转矩。注意，这两个参数设定后将不能使用模拟转矩限制（TLA）。限制值与伺服电动机的转矩关系如图 5-19 所示。

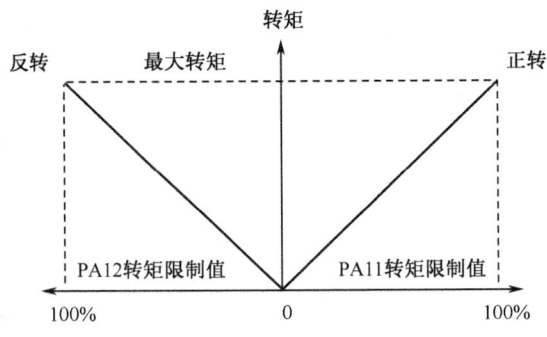

图 5-19 限制值与伺服电动机转矩的关系

2．内部速度限制

参数 PC05~PC11 在速度控制模式时为内部速度指令，而在转矩控制模式时为内部速度限制。当负载较小时，伺服电动机在该内部速度限制设定值上运行；当负载较大时，为保证输出转矩的不变，伺服电动机的运行速度会随之降低，甚至下降到 0。

内部速度限制参数如表 5-19 所示。

表 5-19 内部速度限制参数

参数			单位	初始值	设定范围	控制模式		
No	简称	名称				位置	速度	转矩
PC05	SC1	内部速度限制 1	r/min	100	0~瞬时允许速度	×	×	√
PC06	SC2	内部速度限制 2	r/min	500	0~瞬时允许速度	×	×	√
PC07	SC3	内部速度限制 3	r/min	1000	0~瞬时允许速度	×	×	√
PC08	SC4	内部速度限制 4	r/min	200	0~瞬时允许速度	×	×	√
PC09	SC5	内部速度限制 5	r/min	300	0~瞬时允许速度	×	×	√
PC10	SC6	内部速度限制 6	r/min	500	0~瞬时允许速度	×	×	√
PC11	SC7	内部速度限制 7	r/min	800	0~瞬时允许速度	×	×	√

3．模拟速度限制的最大转速

参数 PC12 在速度控制模式时用于设定模拟速度指令的最大转速，而在转矩控制模式时用于设定模拟速度限制的最大转速，如表 5-20 所示。

表 5-20 模拟速度限制的最大转速设定

参数			单位	初始值	设定范围	控制模式		
No	简称	名称				位置	速度	转矩
PC12	VCM	模拟速度限制的最大转速	r/min	0	0~50000	×	×	√

4．模拟转矩指令的最大输出

模拟转矩指令的最大输出设定见表 5-21。

表 5-21 模拟转矩指令的最大输出设定

参数			单位	初始值	设定范围	控制模式		
No	简称	名称				位置	速度	转矩
PC13	TLC	模拟转矩指令的最大输出	%	100.0	0~1000.0	×	×	√

作用与意义：通过设定模拟转矩指令的最大输出参数，使其设定值（最大输出转矩）与模拟转矩指令电压（TL=±8 V）为+8 V 时对应。

例如，设定值为 50，当 TC=+8 V 时，输出转矩=最大转矩×50%。

5.3.3 转矩控制

1．转矩指令和输出转矩

图 5-20 给出了模拟量转矩指令（TC）的输出电压随伺服电动机输出转矩变化的关系。在-0.05～+0.05 V 范围内无法准确地设定输出转矩（图中用虚线表示）。由于产品不同，将输入电压波动范围规定为±0.05 V。当 TC 的输入电压为正时，输出转矩也为正，驱动电动机逆时针旋转；当 TC 的输入电压为负时，输出转矩也为负，驱动电动机顺时针旋转。使用转矩指令（TC）时，正转选择（RS1）/反转选择（RS2）对应的输出转矩方向如表 5-22 所示。

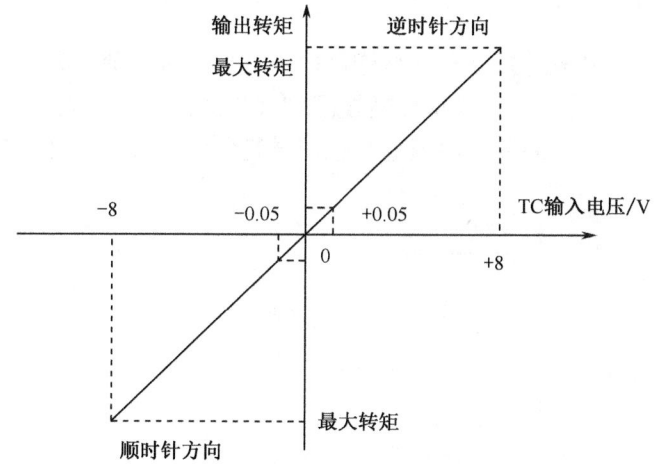

图 5-20 模拟量转矩指令（TC）的输出电压随伺服电动机输出转矩变化的关系

表 5-22 转矩控制模式下正、反转选择对应的输出转矩方向

外部输入信号		转动方向		
		模拟转矩指令（TC）		
RS2	RS1	正（+）		负（-）
0	0	无转矩输出	无转矩输出	无转矩输出
0	1	逆时针 （正转驱动，反转再生）		顺时针 （反转驱动，正转再生）
1	0	顺时针 （反转驱动，正转再生）		逆时针 （正转驱动，反转再生）
1	1	无转矩输出		无转矩输出

2. 模拟量指令偏置电压

输入电压偏置设置包括模拟量转矩指令的偏置电压设置和模拟量转矩限制的偏置电压设置。如图 5-21 所示，模拟转矩有正负偏置，负偏置最小为-999mV，正偏置最大为+999mV。

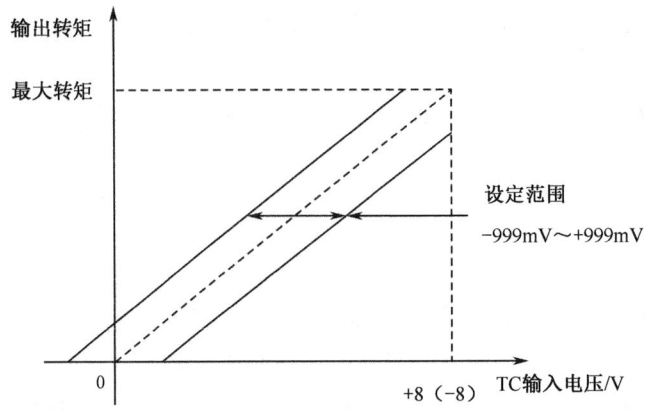

图 5-21 模拟量转矩偏置

5.3.4 转矩限制

转矩限制通过两种方式来选择：一种是通过内部转矩限制参数，如 PA11 正转转矩限制和 PA12 反转转矩限制；另一种是通过模拟量转矩限制（TLA）。

模拟量转矩限制（TLA）的输入电压值与输出转矩之间的关系如图 5-22 所示。

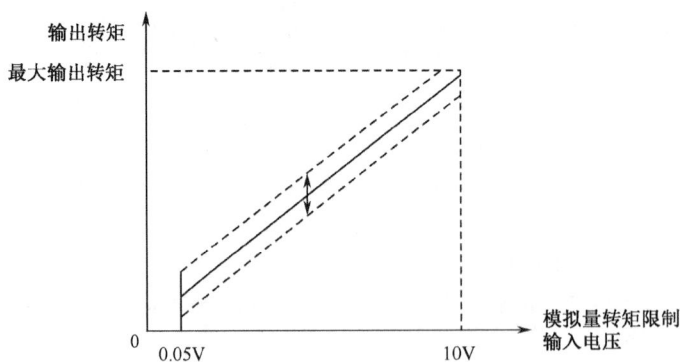

图 5-22 模拟量转矩限制的输入电压与输出转矩之间的关系

对于一定电压所产生的输出转矩限制值，输出转矩的波动范围为±5%。另外，输入电压在 0.05 V 以下时，无法准确地限制输出转矩，故为了保证输出转矩的准确性，输入电压应在 0.05 V 以上。

注意，设置了内部转矩限制参数后，不能使用模拟量转矩限制（TLA）。

5.3.5 速度限制

1．速度限制值和速度

可以通过两种方法设定内部速度限制 1~7 或模拟量速度限制（VLA）。内部速度限制 1~7 通过速度选择端子 SP1、SP2 和 SP3 来实现选择，设定方法与速度模式的设定相同。模拟量速度限制的输入电压和伺服电动机速度关系如图 5-23 所示。如果电动机的速度达到速度限定值，转矩限制将会不稳定。速度限定值的设定应比速度设定值高约 100 r/min。

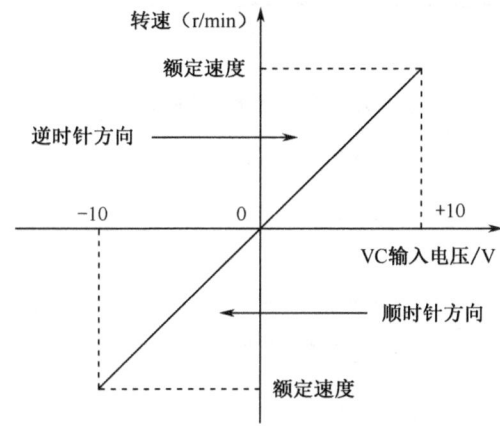

图 5-23　模拟量速度限制的输入电压与伺服电动机速度关系

2．速度限制中

伺服电动机的速度达到内部速度限制 1~3 或模拟量限制设定值时，速度限制中（VLC）这项参数接通，表明当前正在限制伺服电动机的转速。

任务实施

1．绘制出伺服系统转矩控制模式的接线示意图。

绘制出伺服系统转矩控制模式的接线示意图	教师审核

2. 将伺服驱动器所需设置的参数填入表 5-23。

表 5-23　伺服驱动器参数设置表

序号	参数号	名称	设定范围	出厂设定	设定值	备注

3. 将调试步骤填入表 5-24。

表 5-24　伺服驱动器调试步骤

调试步骤	描述该步骤下可能出现的现象	教师审核
（1）		
（2）		
（3）		
（4）		
（5）		
（6）		
（7）		
（8）		

以下为参考步骤，可参照实施。
（1）准备工具及材料。
（2）任务实施前的相关检查。
（3）接线操作。
（4）试运行与参数设定。
（5）调试。

任务考核

1. 学生自我评估和总结。

2．小组评估和总结。

3．教师评估和总结。

任务 5.4　伺服系统位置控制模式

任务引入

药粒自动瓶装系统中的圆形转盘加工台主要通过 PLC、伺服驱动器、伺服电动机和气动系统实现运行控制，能完成对药粒的倒装、加盖、加印和传送等工作流程。

圆形转盘工作台的控制流程如图 5-24 所示。

任务目标

（1）完成伺服系统位置控制模式下的相关接线。
（2）开启伺服驱动器的位置控制模式，并设置伺服驱动器的相关参数。
（3）利用 PLC 发出的定位脉冲实现定位控制，使用 PLSY 或 PLSR 指令编写控制程序。

相关知识

位置控制模式是利用上位机发出的脉冲来控制伺服电动机的转动，脉冲的个数决定伺服电动机转过的角度（或是工作台移动的距离），脉冲的频率决定电动机的转速。伺服系统位置控制模式的结构如图 5-25 所示。

5.4.1　伺服系统位置控制模式应用案例

1．案例描述

某工作台的控制要求如下。按下启动按钮 SB_1，伺服电动机旋转，拖动工作台从 A 点开

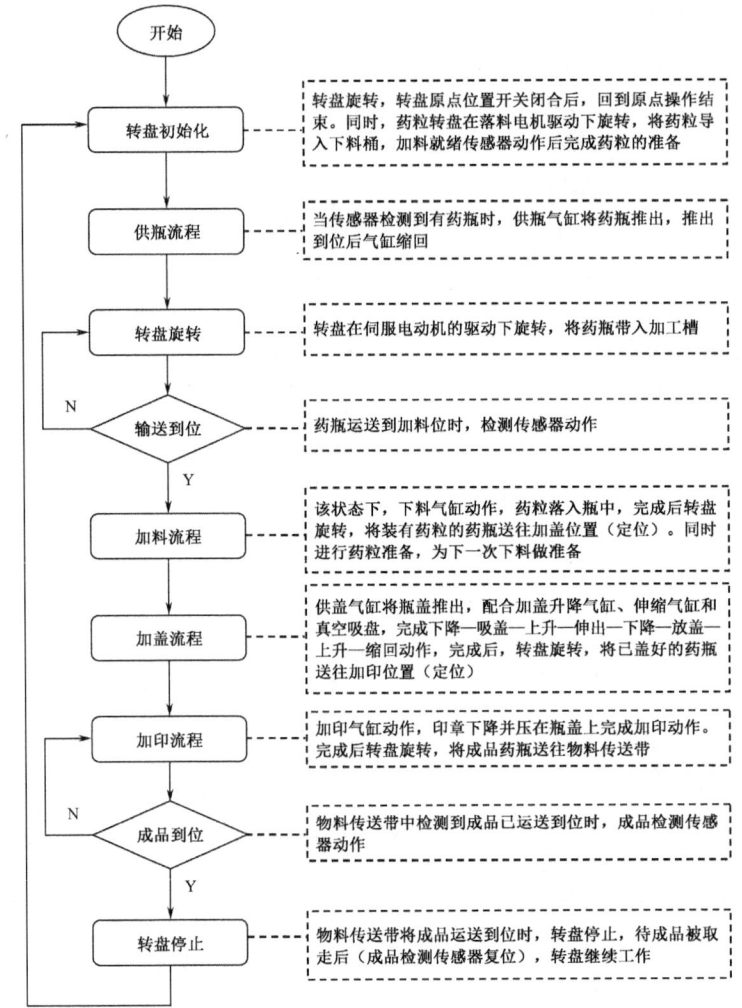

图 5-24 圆形转盘工作台的控制流程

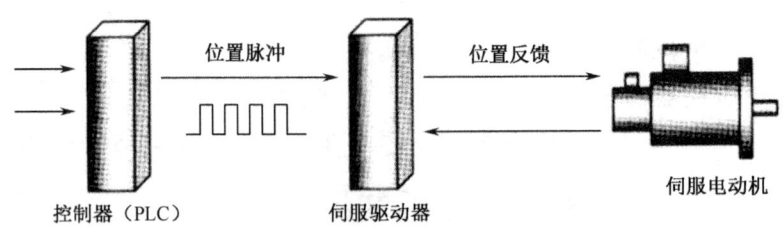

图 5-25 伺服系统位置控制模式的结构

始向右行驶 20 mm,停 2 s,再向右行驶 30 mm,再停 2 s,然后向左行驶,返回 A 点,如此循环;按下停止按钮 SB_2,工作台完成一个循环后返回 A 点。传动丝杆的螺距为 5 mm,设脉冲当量为 1 μm,以 PLC 作为上位机进行控制。工作台的驱动结构如图 5-26 所示。

2. 案例分析

(1) 工作台需定位运行,所以伺服系统需设置为位置控制模式。
(2) 用 PLC 作为脉冲输出的上位机。

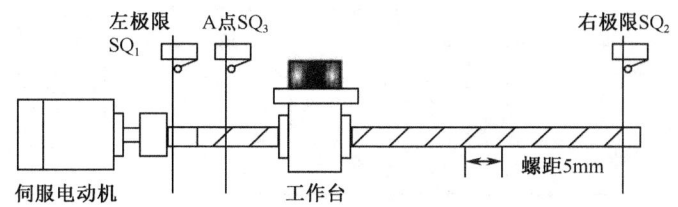

图 5-26 工作台的驱动结构

（3）根据脉冲当量为 1 μm，螺距为 5 mm，则输入 5000 个脉冲，电动机转一圈，即工作台行走 5 mm，计算电子齿轮比。

（4）控制程序大体上采用步进顺序控制指令编程，脉冲输出则采用 PLSY 或 PLSR 指令。

3．案例实施

1）控制系统接线

控制系统的接线图如图 5-27 所示。

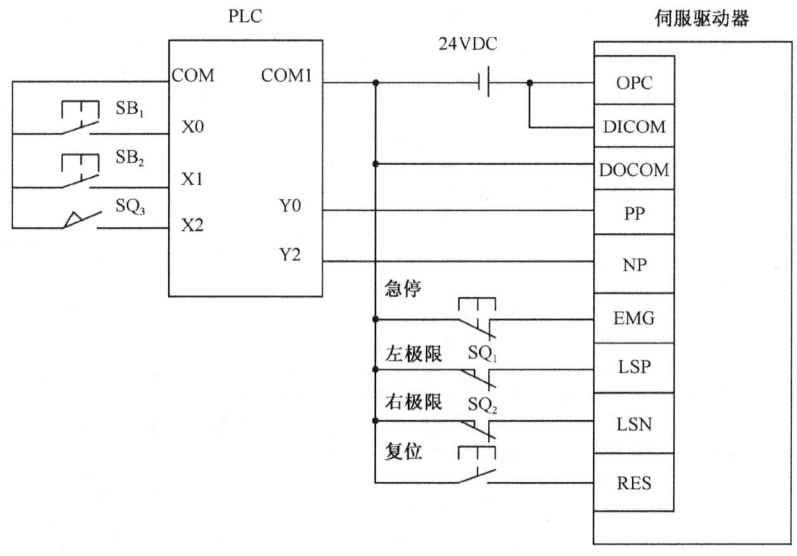

图 5-27 工作台控制系统接线图

2）伺服驱动器参数设置

伺服系统位置控制模式下的驱动器参数设置如表 5-25 所示。

表 5-25 伺服驱动器参数设置

参数	名称	初始值	设定值	说明
PA01	控制模式	0000	0000	位置控制模式
PA06	电子齿轮分子	1	16384	设置电子齿轮比为 $\dfrac{16384}{625}$
PA07	电子齿轮分母	1	625	
PA13	指令脉冲输入形式	0000	0011	负逻辑，脉冲串+符号。脉冲信号由 PP 输入，方向信号由 NP 输入
PD01	输入信号自动 ON 选择 1	0000	0004	将 SON 自动置 ON

（1）指令脉冲输入形式的选择

指令脉冲输入形式的选择参数如表 5-26 所示。

表 5-26　指令脉冲输入形式的选择参数

参数			初始值	设定范围	控制模式		
No	简称	名称			位置	速度	转矩
PA13	PLSS	指令脉冲输入形式	0000	见表 5-27	√	×	×

选择脉冲串输入信号的输入形式可以是正逻辑或负逻辑，并且有 3 种输入形式。若脉冲产生的控制器为 PLC，通常采用"脉冲串+符号"的输入方式，即 PLC 发出脉冲信号从伺服驱动器的 PP 端输入，方向信号从 NP 端输入。脉冲串输入信号的输入形式如表 5-27 所示。

表 5-27　脉冲串输入信号的输入形式

设定值	脉冲串形式		正转指令时	反转指令时
0010h	负逻辑	正转脉冲串 反转脉冲串		
0011h		脉冲串+符号		
0012h		A 相脉冲串 B 相脉冲串		
000h	正逻辑	正转脉冲串 反转脉冲串		
001h		脉冲串+符号		
002h		A 相脉冲串 B 相脉冲串		

（2）伺服电动机转一圈所需的指令输入脉冲数

伺服电动机转一圈所需的指令输入脉冲数的参数如表 5-28 所示。

表 5-28　伺服电动机转一圈所需的指令输入脉冲数的参数

参数			初始值	设定范围	控制模式		
No	简称	名称			位置	速度	转矩
PA05	FBP	伺服电动机转一圈所需的指令输入脉冲数	0	0 或 1000～50000	√	×	×

参数 PA05 如果设定为 0（初始值），电子齿轮（参数 PA06、PA07）有效；参数 PA05 如果设定为 0 以外的值（1000～50000），该值为使伺服电动机旋转一周所需的指令输入脉冲数，

此时电子齿轮无效。

（3）电子齿轮参数

电子齿轮参数的作用是可以任意设置每单元指令脉冲所对应电动机的转速和脉冲当量；当上位控制器的脉冲产生能力（最高频率）不足以获得所需要的速度时，可以通过电子齿轮功能对指令脉冲频率放大 N 倍。电子齿轮参数如表 5-29 所示。

表 5-29 电子齿轮参数表

参数			初始值	设定范围	控制模式		
No	简称	名称			位置	速度	转矩
PA06	CMX	电子齿轮分子（指令脉冲倍率分子）	1	1~1048576	√	×	×
PA07	CMX	电子齿轮分母（指令脉冲倍率分母）	1	1~1048576	√	×	×

电子齿轮的计算通常以电动机转一圈为单位进行计算，要求上位机发出的脉冲个数乘以电子齿轮比等于电动机编码器反馈回来的脉冲数。电子齿轮比的原理如图 5-28 所示。

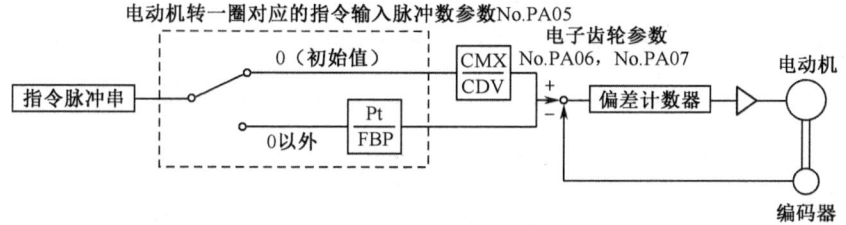

图 5-28 电子齿轮比原理

如上例中，脉冲当量为 1μm，丝杆螺距为 5mm，如输入 5000 个脉冲，则电动机转一圈，工作台移动 5mm，由于电动机转一圈，编码器产生 131 072 个脉冲，根据电子齿轮比原理，编码器反馈回来的脉冲数（131 072）应等于电子齿轮比（$\dfrac{A}{B}$）乘以输入脉冲数（5000），因此电子齿轮比为

$$\frac{A}{B} = \frac{131072}{5000} = \frac{16384}{625}$$

（4）PLC 控制程序

该例子的 PLC 控制程序如图 5-29 所示。

任务实施

1. 绘制出 PLC 的 I/O 分配表。

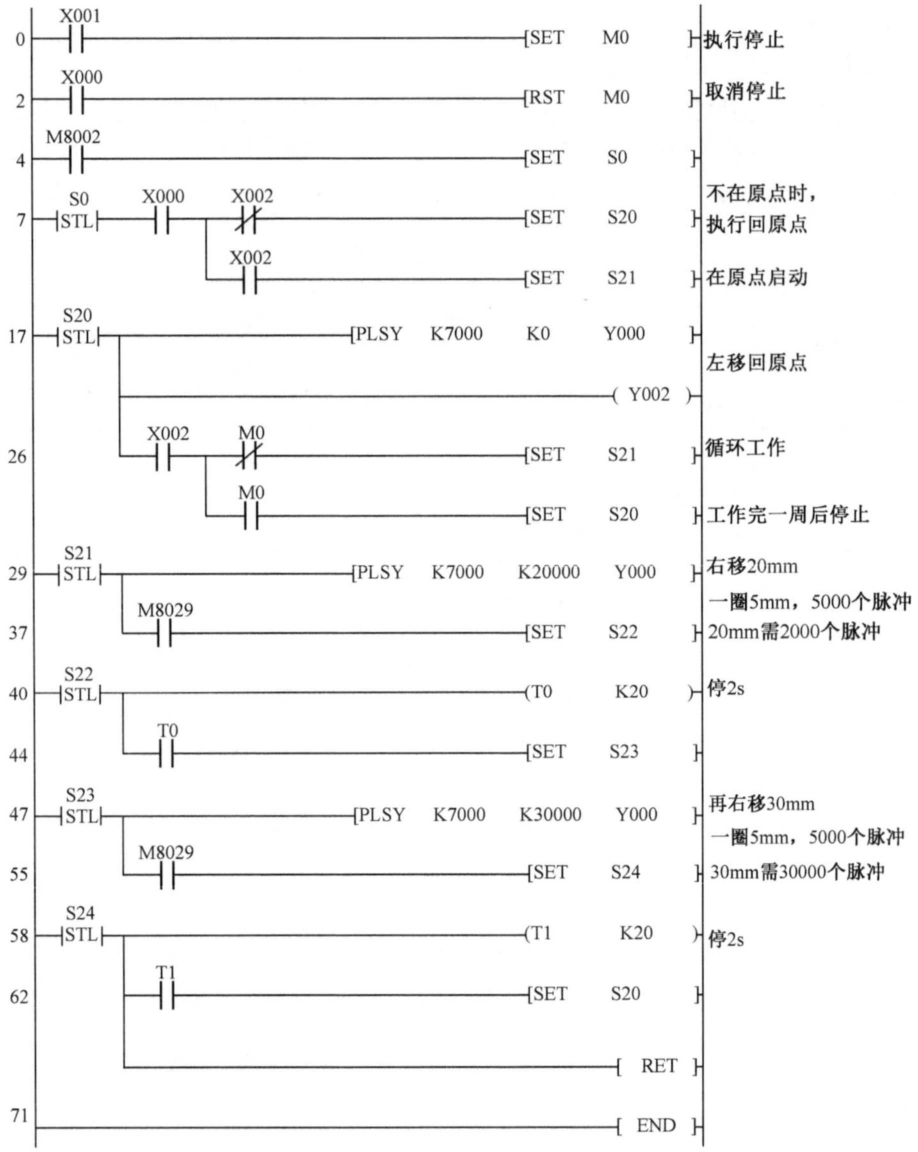

```
 0  ──X001──────────────────────────────[SET  M0 ]   执行停止
 2  ──X000──────────────────────────────[RST  M0 ]   取消停止
 4  ──M8002─────────────────────────────[SET  S0 ]
 7  ─┤S0├─┬─X000──X002──────────────────[SET  S20]   不在原点时，
    STL   │                                         执行回原点
          └─X002───────────────────────[SET  S21]   在原点启动
17  ─┤S20├──────────[PLSY  K7000  K0    Y000]
    STL                                              左移回原点
                                        ( Y002 )
26       ┬─X002──M0─────────────────── [SET  S21]   循环工作
         └─M0────────────────────────── [SET  S20]   工作完一周后停止
29  ─┤S21├──────────[PLSY  K7000  K20000  Y000]     右移20mm
    STL                                              一圈5mm，5000个脉冲
37       ──M8029──────────────────────── [SET  S22]  20mm需2000个脉冲
40  ─┤S22├───────────────────────────── ( T0  K20 )  停2s
    STL
44       ──T0──────────────────────────── [SET  S23]
47  ─┤S23├──────────[PLSY  K7000  K30000  Y000]     再右移30mm
    STL                                              一圈5mm，5000个脉冲
55       ──M8029──────────────────────── [SET  S24]  30mm需30000个脉冲
58  ─┤S24├───────────────────────────── ( T1  K20 )  停2s
    STL
62       ──T1──────────────────────────── [SET  S20]
                                          [ RET ]
71                                        [ END ]
```

图 5-29 PLC 控制程序

2. 写出圆形转盘工作台的安装、接线步骤，绘制出接线示意图。

安装、接线步骤	接线示意图	教师审核

3. 将伺服驱动器所需设置的参数填入表 5-30。

表 5-30　伺服驱动器参数设置

序号	参数号	名称	设定范围	出厂设定	设定值	备注

4. 编写 PLC 控制程序。

项目 5　伺服驱动系统的构建与调试

5. 将伺服系统位置控制模式调试步骤填入表 5-31。

表 5-31　伺服系统位置控制模式调试步骤

调试步骤	描述该步骤下可能出现的现象	教师审核
（1）		
（2）		
（3）		
（4）		
（5）		
（6）		
（7）		
（8）		

以下为参考步骤，可参照实施。
（1）准备工具及材料。
（2）任务实施前的相关检查。
（3）接线操作。
（4）试运行与参数设定。
（5）编写控制程序及调试。

任务考核

1. 学生自我评估和总结。

2. 小组评估和总结。

3．教师评估和总结。

5.4.2　位置控制模式的标准接线

当伺服驱动器工作在位置控制模式时，需要接收脉冲信号来定位。脉冲信号可以由 PLC 产生，也可以由专门的定位模块来产生。

伺服驱动器在位置控制模式时与定位模块 FX-10GM 的标准接线如图 5-30 所示。

图注说明如下。

（1）为防止触电，必须将伺服放大器的保护接地（PE）端子连接到控制柜的保护接地端子上。

（2）二极管的方向不能接错，否则紧急停止电路和其他保护电路可能无法正常工作。

（3）控制系统必须安装紧急停止按钮（常闭）。

（4）伺服放大器的 CN1A、CN1B、CN2 和 CN3 为同一形状，若将这些接头接错，可能会引起伺服放大器故障。

（5）连接伺服放大器的外部继电器线圈中的电流总和应控制在 80 mA 以下。如果超过 80 mA，I/O 接口使用的电源应由外部提供。

（6）伺服放大器运行时，异常情况下的紧急停止信号（EMG）、正转行程末端（LSP）、反转行程末端（LSN）与 SG 端之间必须接通（常闭）。

（7）伺服放大器在无报警（正常运行）时，故障端子（ALM）与 SG 端之间处在接通（ON）状态；在报警（发生故障）时，故障端子（ALM）与 SG 端之间断开（OFF），此时应通过程序使伺服放大器停止输出。

（8）伺服放大器同时使用模拟量输出通道 1、通道 2 与个人计算机通信时，应使用维护用接口卡（MR-J2CN3TM）。

（9）同名信号在伺服放大器内部是接通的。

（10）指令脉冲串的输入一般采用集电极开路方式，采用差动驱动方式时距离限制在 10m 以下。

（11）伺服设置软件应使用 MRAJW3-SETUP111E 或更高版本。

（12）控制系统使用伺服放大器内部电源 VDD 时，必须将 VDD 连到 COM 端上；使用外部电源时，VDD 不要与 COM 端连接。

（13）控制系统使用中继端子台的场合，需连接 CN1A-10。

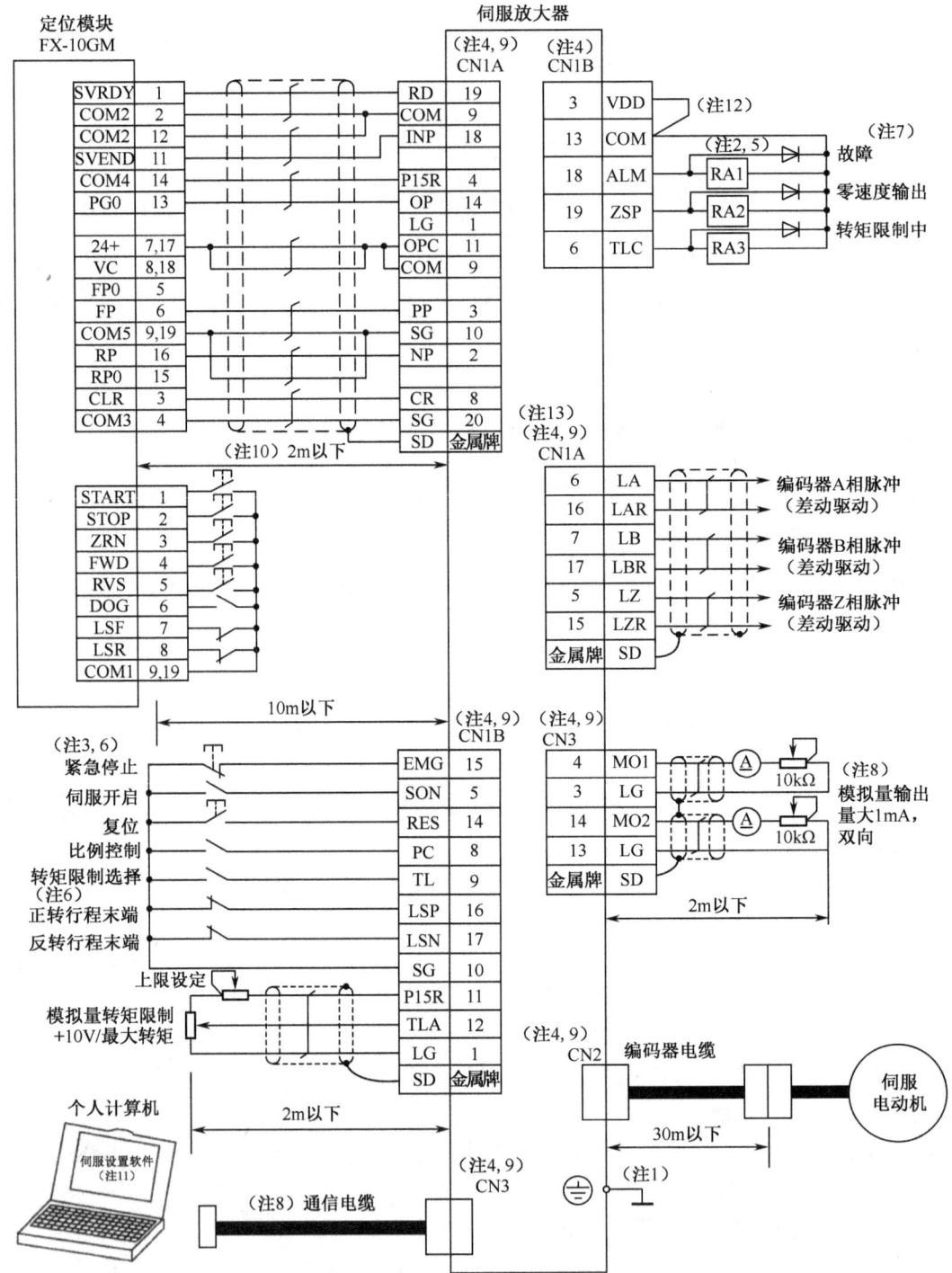

图 5-30 伺服驱动器在位置控制模式时与定位模块 FX-10GM 的标准接线

参考文献

[1] 莫文统．驱动技能工作岛学习工作页[M]．北京：中国轻工业出版社，2023．
[2] 蔡杏山．零起步轻松学步进与伺服应用技术[M]．北京：人民邮电出版社，2012．
[3] 唐静．数控机床控制系统安装与调试[M]．北京：机械工业出版社，2014．
[4] 高建设，等．三菱PLC编程速学与快速应用[M]．北京：电子工业出版社，2012．
[5] 王宗才．机电传动与控制[M]．北京：电子工业出版社，2011．
[6] 张文凡，等．机电一体化技能综合实训[M]．北京：中国电力出版社，2012．
[7] 廖常初．FX系列PLC编程及应用[M]．北京：机械工业出版社，2005．
[8] 韩晓新．三菱FX系列PLC基础及应用[M]．北京：机械工业出版社，2010．
[9] 刘艳梅，等．三菱PLC基础与系统设计[M]．北京：机械工业出版社，2009．